새 삶을 주는
인공장기

한국과학기술한림원

- 과학기술에 전문적 경륜과 식견을 가진 석학들을 회원으로 엄선, 각 부문별 전문성을 효율적으로 활용함으로써 국가 과학기술의 진흥과 창달에 기여하기 위해 1994년에 설립되었습니다.
- 2005년 기초과학연구진흥법 제11조(한국과학기술한림원의 설립 등)에 의거 법정기구화되었습니다.
- 독립성, 자율성 및 전문성을 바탕으로 하는 순수 민간 과학아카데미로, 편견 없는 대정부 정책자문을 통해 올바른 과학기술정책의 수립을 유도하고 있으며, 범부처적 국가 과학기술정책에 대한 자문과 건의를 통한 과학기술발전의 장기적 비전을 제시하고 있습니다.
- 우리나라의 과학기술 선진국 진입을 위한 기초 과학기술 진흥사업을 수행하고 있으며, 외국 한림원 및 과학기술 국제기구 등과의 학술교류를 통해 과학기술 민간외교의 중심체 역할을 담당하고 있습니다.

새 삶을 주는 인공장기

1판 1쇄 펴냄 | 2014년 11월 25일
1판 2쇄 펴냄 | 2022년 2월 10일

지은이 | 김영하
발행인 | 김지영
발행처 | 자유아카데미
등록 | 제 406-2003-017호, 1980. 7. 12

주소 | 경기도 파주시 회동길 37-42 파주출판도시
전화 | 031-955-1321
팩스 | 031-955-1322
홈페이지 | www.freeaca.com
전자우편 | main@freeaca.com(대표)
editor@freeaca.com(편집)
crm@freeaca.com(영업)

ISBN 978-89-7338-917-9 03500

한국과학기술한림원
『석학, 과학기술을 말하다』 시리즈 ⑲

새 삶을 주는
인공장기

김영하 지음

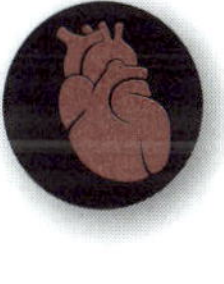

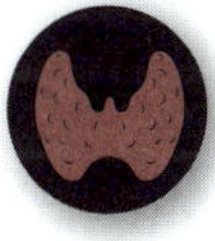

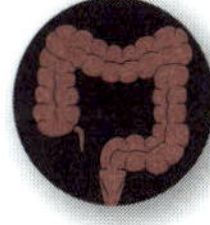

자유아카데미

머리말

최근 들어 100세 시대라는 말이 있을 정도로 인간 수명이 크게 늘어나면서 보다 건강하고 행복한 삶을 추구하는 데 많은 노력을 기울이고 있다. 이와 더불어 소득이 늘어나고 의료기술이 발달하면서 인체의 여러 기능을 대신하는 인공장기들도 많이 사용되고 있다. 예를 들면 치아를 대신하는 임플란트, 뿌옇게 흐려진 수정체를 대체하는 인공수정체, 넘어져 다친 골반에 이식하는 인공고관절, 아픈 무릎을 대신하는 인공무릎관절 등이 대표적이다. 인공심장이나 인공신장 등 인체의 중요한 기관을 대신하는 인공장기도 개발되어 있으며, 심지어는 더 예뻐지기 위한 미용 용도로 인공코뼈와 인공유방 삽입 등도 행해지고 있다.

그렇다면 현재 사용되고 있는 인공장기 기술은 어디까지 왔을까? 또 이러한 인공장기들은 과연 인체의 장기와 동등한 성능을 가지고 있을까? 그렇다면 마치 자동차의 부품을 교환하는 것처럼 인체의 장기도 인공장기로 교환하는 세상이라고 이야기할 수 있는가? 그러나 현재 시점에서 인공장기는 거의 모두 인체를 단순히 기계적으로 지지하는 기능을 할 뿐이다. 간, 췌장처럼 복잡한 생리학적 기능을 인공재료로 모방하는 것은 여전히 불가능하다. 따라서 세포의 기능을 빌려와 재료와 융합한 '바이오융합형 인공장기' 개발이 이루어지고 있는데, 이러한 바이오융합형 인공장기는 인공재료의 한계를 뛰어넘는 중요한 연구 발전 방향이 되고 있다.

인체의 기능은 우리가 상상하는 것 이상으로 정교하고 다단계에 걸쳐 정확하게 자동적으로 조절되고 있다. 인공장기를 개발하기 위하여 인체의 구조와 기능을 들여다볼수록 그 정교함과 견고함에 다시금 경탄하고 만다. 게다가 인체는 모든 인공장기와 재료들을 단순히 밖에서 들어오는 해로운 박테리아처럼 인식하여 파괴하고 제거하려고 하므로 인공장기를 개발하고 사용하는 데 걸림돌이 되고 있다. 이러한 인체의 거부 반응은 매우 복잡한 반응들이 연속적으로 서로 연결되어 일어난다.

이 책에서는 인공장기의 개발과 현황에 대해 살펴보고, 그 특성과 기능, 반응 등에 대해 알아보려고 한다. 인공장기에 사용되는 재료들, 특히 플라스틱은 그 종류가 많아서 일반인들이 이해하기에는 어려울 수 있으므로, 재료들의 종류와 특성을 최소한으로 설명하여 독자들의 궁금증을 해결하려고 노력하였다. 또한 인공장기의 기능 및 반응을 설명할 때 생명과학 및 의학 분야의 전문용어들이 불가피하게 언급될 수밖에 없는데, 가능하면 이 부분도 일반인들이 보다 쉽게 이해할 수 있도록 쓰려고 노력하였다.

인공장기 분야는 미래에 가장 중요한 분야로 계속 발전할 것이다. 따라서 독자들이 이 책에 설명된 내용들에 대하여 보다 많은 흥미를 느껴서 자연과학기술에 관심을 가질 수 있는 좋은 계기가 되기를 바란다. 아울러 첨단 생명과학의 한 분야로서 빠르게 발전하고 있는 인공장기들에 대한 이해를 높이는 기회가 되기를 기대한다.

이 책은 오랫동안 의료용 고분자를 연구해 오면서 배운 지식을 정리하고 보충하여 쓰게 되었다. 그동안 나를 많이 이끌어 주신 선배님들에게 감사드리고, 나와 같이 연구를 수행한 한국과학기술연구원과 광주과학기술원의 동료 및 공동연구자들과 제자들에게 충심으로 감사의 마음을 전한다. 또한 같이 연구할 기회가 있었던 의사들에게도 감사드린다.

끝으로 이 책의 저술을 지원하여 준 한국과학기술한림원과 출판을 맡아 애써 준 자유아카데미에게도 깊은 감사를 드린다.

2014년

김영하

차례

6. 눈에 사용되는 인공장기

7. 치과 치료에 이용되는 인공장기

Artificial Organs

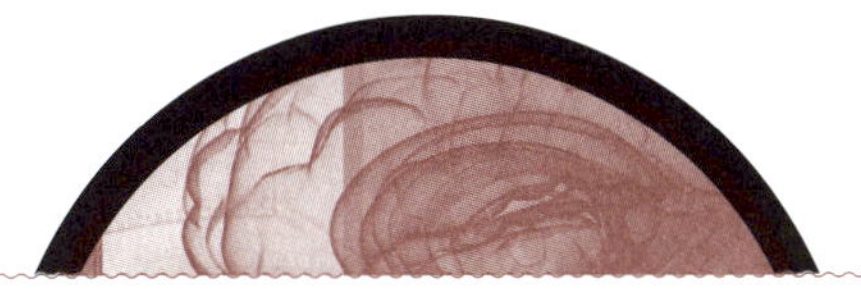

1. 인공장기의 시대

1974년에 미국 드라마 "6백만 달러의 사나이"가 큰 인기를 끌었었다. 전직 우주 비행사였던 주인공이 비행 사고로 생명의 위험에 이르자 양쪽 다리와 한쪽 팔, 그리고 한쪽 눈을 최첨단 생체공학의 힘을 빌려 바이오닉 인간으로 다시 태어난다는 이야기이다. 대중들은 자동차보다 빨리 달리고 슈퍼맨 같은 괴력을 발휘하여 악당을 물리치는 주인공에 열광하였다. 1976년에는 자매편인 "소머즈"도 함께 방영되었는데, 이 두 드라마는 미래의 인공장기 시대를 보여 준 것이다.

최근 들어 의료 기술의 발달로 여러 가지 인공장기들이 많이 사용되고 있다. 우리나라도 요즈음 평균수명이 연장되어 노인 인구가 급격하게 증가하고 있는데, 인공장기는 수명 연장에 매우 큰 역할을 하고 있다. 상실된 치아를 대신하여 임플란트를 이식하는 것은 이미 일반화되었고, 1년에 약 20만 명이 뿌옇게 변한 수정체 대신에 인공수정체를 삽입하고 있다. 또한 현재 국내에서 매년 2만 명이 인공고관절을 이식하고 6만 명이 인공무릎관절을 심고 있으며, 심장병 환자는 심장이식을 기다리면서 인공심장에 의하여 연명하고, 신장병 환자는 인공신장을 사용하여 피 속의 요소를 제거한다. 최근에는 미용에도 많이 쓰이고 있는데,

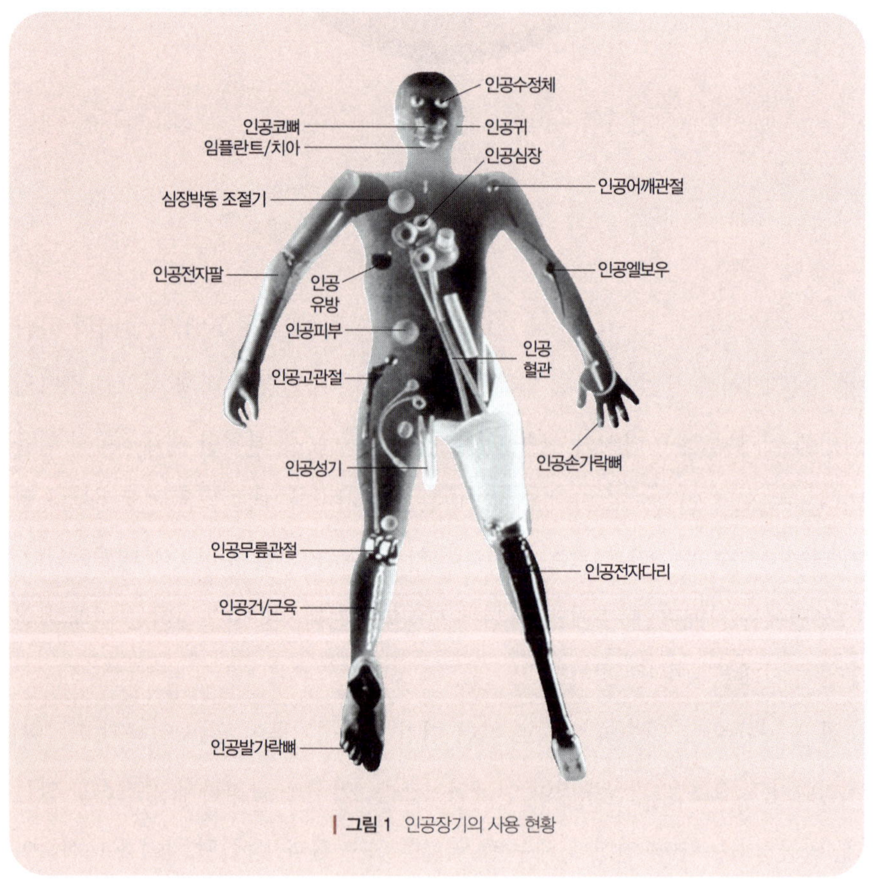

| **그림 1** 인공장기의 사용 현황

인공코뼈와 인공유방 삽입이 대표적이다.

그러면 오늘날 인공장기는 어디까지 개발되어 있는가? 그림 1과 같이 현재 다양한 인공장기들이 인체의 여러 부위에 적용되고 있다. 이러한 인공장기들은 크게 인공조직과 인공장기로 나눌 수 있다. 인공조직은 뼈, 관절처럼 딱딱한 경조직과 피부, 유방처럼 부드러운 연조직으로 나누어지고, 인공장기는 인공심장과 인공심장판막 등과 같이 영구적으로 체내에 이식되는 체내 장기와 인공신장과 인공심폐기처럼 체외에서 일시적으로 사용되는 체외 장기로 분류된다.

인체의 조직이 손상되었을 때 대체할 수 있는 재료는 우선 환자 자신의 조직인데, 이를 자가 이식재라고 한다. 예를 들면 가느다란 소구경동맥이 필요한 경우, 소구경 인공혈관은 아직 불가능하므로 환자의 정맥을 사용한다. 뼈도 인공적인 재료가 마땅하지 않아 사체, 즉 죽은 사람의 뼈를 흔히 사용하는데, 이를

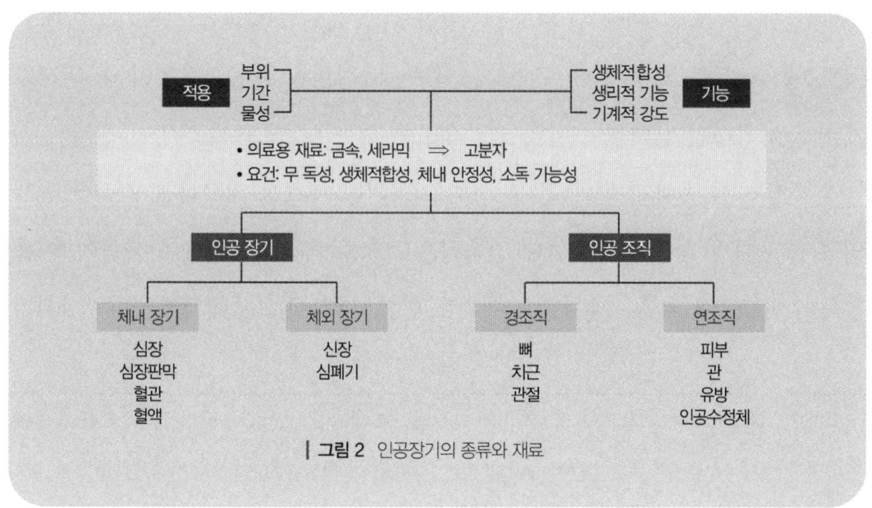

| 그림 2 인공장기의 종류와 재료

동종 이식재라고 한다. 인공심장판막은 돼지의 심장판막을 처리하여 사용하며, 이를 타종 이식재라고 한다.

그러나 의료용 재료와 인공장기의 대부분은 금속, 세라믹, 고분자와 복합재인(composite, 플라스틱에 탄소섬유*, 유리섬유*, 광물질 가루를 섞어 강하게 만든 재료) 인공재료를 사용한다.[1] 이러한 재료들은 독성이 없어야 함은 물론이고 인체에 들어갈 때 일어나는 부작용이 매우 적어야 한다.

인체는 모든 인공장기와 재료들을 단순히 밖에서 들어오는 해로운 박테리아처럼 인식하여 인체보호기능을 작동시킨다. 즉 밖에서 침입하여 들어오는 박테리아를 죽이고 먹어버리는 기능을 맡고 있는 백혈구와 대식세포가 산화성이 강한 물질을 분비하여 인공장기와 재료들을 파괴한다. 물론 재료가 너무 커서 실패하지만, 표면은 빠르게 산화된다. 이식된 재료를 먹어버리는 데 실패하면, 재료 주위를 새로운 섬유조직으로 둘러싸서 인체 조직과 격리시킴으로써 인체를 보호한다. 그러므로 체내의 혈당이나 녹아 있는 산소의 농도를 지속적으로 모니터링하는 센서를 피부 밑에 이식하는 경우에, 실험실에서는 작동이 잘 되지만 체내에 이식하면 단백질이 달라붙고 새로운 섬유조직으로 둘러싸여 원래의 기능을 발휘하지 못하게 된다. 접촉 또는 이식되는 재료를 거부하는 이러한 인체의 반응은 매우 복잡한 반응들이 연속적으로 서로 촉진되면서 일어나는데, 이를 통틀어 이물반응(foreign body reaction)이라고 한다. 따라서 인체에 접촉 또는 이식되

1 이 책에는 여러 가지 금속, 세라믹과 특히 다양한 고분자를 소개하고 있다. 인체에 사용되는 금속, 세라믹과 고분자의 종류와 특성을 '부록 2. 의료용 재료'에 간략히 모아서 설명하였다. 특히 여러 가지 고분자의 종류와 구조는 이해하기 어려우므로, *로 표기된 천연고분자 및 합성고분자들의 화학적 구조와 특성을 한글 및 영어 자모 순서대로 요약하였다.

는 재료는 이러한 이물반응이 심하지 않아야 한다. 이물반응이 적으면 인체에 적합하다는 의미에서 생체적합성(biocompatibility)이 우수하다라고 한다.[2]

인공장기는 적용되는 부위와 기간 및 요구하는 물성에 따라 필요로 하는 생체적합성, 생리적 기능 및 기계적 강도의 차이가 있다. 치아를 대신하여 영구히 이식되는 임플란트는 일생동안 높은 강도가 필요하지만, 심장 수술을 하는 동안 피에 산소를 공급하는 인공심폐기는 수술하는 몇 시간 동안만 필요하다. 따라서 목적에 따라 가장 적합한 재료를 선택하여 사용해야 한다.

금속은 강하지만 체내에서 부식되어 금속 이온을 방출할 수 있으므로, 부식되지 않는 특수 합금이나 티타늄을 사용한다. 그러나 이러한 특수 금속들도 인체 내부에 이식되면 겉으로 보이는 변화가 없다고 하더라도 표면부터 미세하게 부식되어 미량의 금속이온이 녹아서 방출된다. 세라믹은 강하고 체내에서 전혀 부식되지 않고 인체에 끼치는 부작용이 가장 적은 장점이 있지만, 충격에 의하여 쉽게 부서지는 치명적 단점이 있다. 금속과 세라믹 재료는 높은 강도가 필요한 부위, 예를 들면 뼈를 지지하는 부위에 사용된다.

플라스틱(합성수지), 섬유 및 고무를 통틀어 부르는 고분자는 국수와 같이 긴 분자들이 모인 유기물질로서 종류와 물성이 다양하고, 특히 가볍고 부식되지 않으며 실, 관 등의 여러 가지 형태로 쉽게 가공되는 장점이 있다. 그러나 고분자는 금속 및 세라믹보다 약하고, 유기물이므로 체내에서 산화되거나 (특히 백혈구 및 대

---

2 '재료와 인체의 상호작용', 예를 들면 이물반응 또는 피가 재료 표면에서 응고되어 피떡을 형성하는 과정 등은 일반적으로 이해하기 어려우므로 본문에서는 상세히 다루지 않고, 부록 1에 따로 요약하여 독자의 이해를 도우려고 하였다.

식세포가 산화성이 강한 물질을 분비하므로) 물에 의하여 가수분해되어 강도가 약해질 수 있으므로 주의해야 한다. 그러나 고분자는 화학적으로 성질을 바꾸어 물에 녹게 하거나 약제 및 생리활성물질을 결합시키는 등 특수한 기능을 도입할 수 있으므로 새로운 용도에 필요한 고분자가 계속 개발되고 있다.

한편 인공장기를 포함한 모든 의료용품은 소독하여 멸균해야 사용할 수 있다. 인류는 지구에 태어난 이래로 병원균과 끊임없는 전쟁을 하고 있다. 근래에 의약산업의 발전으로 우수한 항생제가 많이 발명되어 질병을 일으키는 병원균들을 거의 이기고 있지만, 아직도 모든 수술의 약 10%는 단순한 감염으로 실패하고 있다. 따라서 의료제품은 반드시 살균과정을 거쳐야 하며, 재료를 개발할 때 그 살균방법을 미리 생각해야 한다. 의료제품은 높은 온도에서 끓이거나 방사선을 쪼이거나 산화에틸렌 가스 속에 넣어 두어 살균하는데, 금속 및 세라믹과 달리 고분자는 유기재료이므로 열이나 방사선에 약해 강도가 떨어질 수 있으므로 주의해야 한다.

의료제품 표면에 달라붙은 병원균이 이러한 살균과정을 견디고 체내에 들어가서 번식하여 질병을 일으키는 경우가 많다. 그리고 일단 병원균이 번식하여 무리를 만들어 스스로를 보호하는 차단막(바이오필림 biofilm 이라고 함. 다당류로 이루어짐)을 만들면 항생제도 뚫고 들어가기 어려워 병원균을 죽이기 어렵다. 콘택트렌즈를 밤에 소독액에 담가 놓는 이유도 이러한 병원균을 살균하기 위해서이다.

인공장기를 비롯하여 인체에 사용되는 모든 의료용 기구와 재료는 절대적으로 안전하여야 하므로 국가기관으로부터 인가를 받아야 사용이 가능하다. 세계 각국은 모두 의료용품(의약도 같은 경우임)을 허가하고 관리하는 기관을 운영하고 있는데, 미국은 FDA(Food and Drug Administration), 우리나라는 식품의약품안전처에서 관리한다. 따라서 우리나라에서 인공장기를 포함하여 어떠한 의료용품을 만들어서 팔려고 하면 식품의약품안전처로부터 인가를 받아야 하고, 미국으로 수출하려면 추가로 미국 FDA의 인가를 받아야 한다.

FDA나 식품의약품안전처에 의료제품 인가 신청 서류를 작성하기 위해서는 의료제품이 무엇으로 만들어졌는지, 원료는 어디에서 구입하였는지, 제조공정은 어떠한지는 물론이고, 안전성과 치료효과를 증명하는 실험자료, 동물실험 그리고 환자를 대상으로 한 임상자료들을 제출해야 한다. 안전성을 증명하기 위한 실험 종류도 10개가 넘으며, 전체적인 과정, 특히 동물실험과 임상실험에 들어가는 비용이 막대하고 기간도 오래 걸린다. 또한 실험에 희생되는 동물을 줄이기 위하여 실험동물을 보호하고 관리하는 국제 규정을 지켜야 하며, 환자에 대한 임상실험도 미리 인가를 받아야 한다.

따라서 모든 의료용품은 겉보기보다 가격이 매우 비싼 경우가 많다. 또한 한 번 인가된 제품의 기능을 개선하기 위해 조성 또는 설계를 바꾸려면 새로 인가를 받아야 하므로 쉽사리 바꾸기도 어렵다. 특히 새로운 물질이 발명되고 그 특성을 이용하여 새로운 의료제품으로 개발되기까지 위에서 설명한 여러 가지 실험 단계를 거쳐야 하므로, 상당한 기간을 필요로 한다. 예를 들면 소프트 콘택트렌즈 재료는 물을 많이 빨아들여 묵과 같은 상태를 이루는 폴리하이드록시에틸메타크릴레이트[poly(hydroxyethyl methacrylate), PHEMA]* 라는 고분자이다. 이 고분자가 실험실에서 처음 발명된 것은 1959년이었는데, FDA가 소프트 콘택트렌즈로 인가한 것은 1971년이다. 즉 인가를 받는 데 12년이 걸렸다. 또한 폴리하이드록

시에틸메타크릴레이트는 금속에 잘 달라붙어 현재는 자동차용 페인트로 사용하는 양이 급증하고 있는데, 처음에는 아주 특수한 고분자로 발명되어 특정 용도로만 사용되다가 다른 용도로 확대되었고, 이에 따라 대량생산되는 고분자로 위치가 바뀐 것이다.

한편 인공장기는 인간의 수명을 연장하고 삶의 질을 높이는 중요한 의미가 있는 동시에 부가가치가 높은 미래과학상품으로서 경제적 가치도 매우 크다. 예를 들면 담배 포장지인 폴리프로필렌* 필름은 값이 1,500원/kg 정도이지만 같은 재료로 인공신장용 중공사(hollow fiber, 속이 빈 초미니 빨대 모양으로 직경이 0.2밀리미터 정도로 가느다란 섬유, 3장 참조)를 만들면 가격이 150만 원/kg을 넘어 부가가치가 1,000배 이상이 된다. 또한 인공혈관도 우리가 입고 있는 보통의 폴리에스터* 합성섬유를 특수한 형태로 짠 의료제품으로서 부가가치가 1,000배 이상이다.

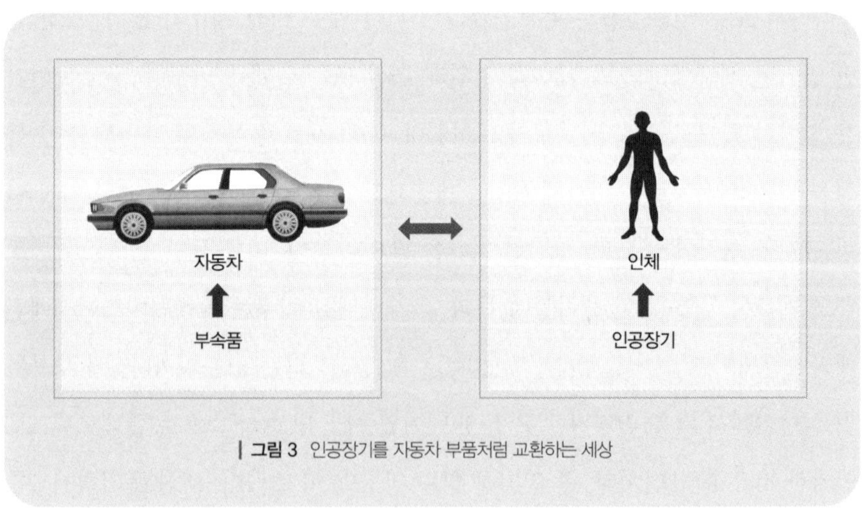

| 그림 3 인공장기를 자동차 부품처럼 교환하는 세상

이제 부위별 인공장기의 현황과 한계점을 들여다보고 앞으로의 개발 방향에 대해 이야기해 보자.

간이나 췌장처럼 복잡한 생리학적 기능을 인공재료로 모방하는 것은 불가능하다. 따라서 이러한 복잡한 생리적 기능을 모방하기 위하여 간세포 또는 췌장세포의 기능을 재료와 융합한 인공간 또는 인공췌장에 대한 연구가 이루어지고 있다. 이들을 '바이오융합형 인공장기'라고 부르며 이러한 바이오융합형 인공장기는 현 재료의 한계를 뛰어넘는 미래 연구 발전 방향으로, 최근의 발전 상황을 간단히 소개하겠다.

인공장기와 의료용 재료는 생명과학과 의학, 재료공학, 화학공학, 전자공학과 기계공학이 결합된 융합학문으로, 인공장기를 개발하려면 반드시 의사와 공학자의 합동연구가 필요하다. 그리고 인공장기나 의료용 기구의 아이디어는 실수

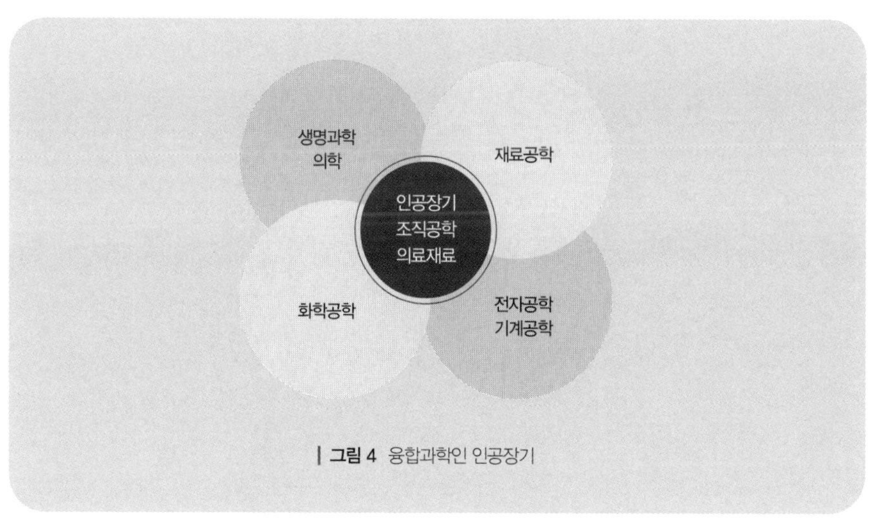

그림 4 융합과학인 인공장기

요자인 의사가 제안하는 것이 일반적이다. 그 아이디어에 맞추어 재료공학자는 알맞은 재료를 선택하고 화학공학자는 만드는 방법을 해결하는데, 경우에 따라서 전자공학자와 기계공학자가 필요한 과제를 풀어서 완성하기도 한다. 최종 제품을 사용하는 사람도 의사로, 미국의 의료재료학회나 인공장기학회에 참석하면 의사, 생물학자, 재료공학자, 화학공학자가 각각 25% 정도로 구성되어 있는 것을 알 수 있다. 이와 같이 인공장기는 생명과학과 의학, 재료공학, 화학공학, 전자공학, 기계공학의 여러 분야가 모여서 이루어지는 융합과학으로서 체계적이고 효과적인 합동연구가 있어야 완성할 수 있다.

Artificial Organs

2. 심장혈관계 인공장기

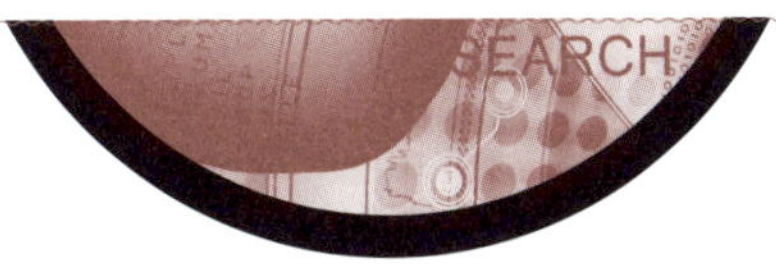

제일 강하고 정교한 펌프인 심장

인체의 여러 장기 중에서 어느 것이 가장 중요할까? 물론 뇌가 인체의 모든 활동을 조절하므로 가장 중요하다고 할 수 있지만, 뇌의 자세한 구조와 기능에 대해서는 아직도 모르는 부분이 많다. 더욱이 뇌를 인공적으로 모방하는 것은 여전히 꿈 같은 이야기이다. 여러 장기 중에서 현실적으로 가장 중요한 것은 심장이라고 할 수 있다. 인체의 모든 세포는 산소가 필요하고 영양분을 소비하여 에너지를 얻어서 움직인다. 심장은 피를 순환시켜 산소와 영양분을 인체의 구석구석까지 배달하고 탄산가스와 물질대사의 찌꺼기를 다시 모아 몸 밖으로 내보내는 시스템으로 운반한다. 뇌의 기능이 망가진 뇌사상태에서도 심장의 기능이 온전하면 신체는 물리적으로 유지될 수 있다.

우리나라 통계청이 발표한 2013년도 사망률은 인구 10만 명당 527명이고, 그 중에 암이 149명으로 1위이고, 심장계가 50명 및 뇌혈관계가 50명으로 2위와 3위를 차지하고 있다.

그림 5는 심장의 구조를 나타내고 있다. 심장은 자기 주먹만한 크기로서 좌우에 위 부분의 2개의 심방과 아래 부분의 2개의 심실로 되어 있다. 심방으로 피가 들어오고 심실에서 피가 펌프되어 나간다. 신체에서 모아져 이산화탄소가 많은 피는 대정맥을 통하여 우심방과 우심실을 거쳐 폐동맥으로 폐에 보내지고 산소를 얻어서 폐정맥을 통하여 좌심방과 좌심실을 거쳐 대동맥으로 나가 몸 전체로 퍼진다. 즉 중요한 펌프 기능을 하는 부위는 좌심실이다.(심방과 심실의 좌우 방향은 마치 의사와 마주 앉은 환자 자신의 위치에서 보는 방향이다.)

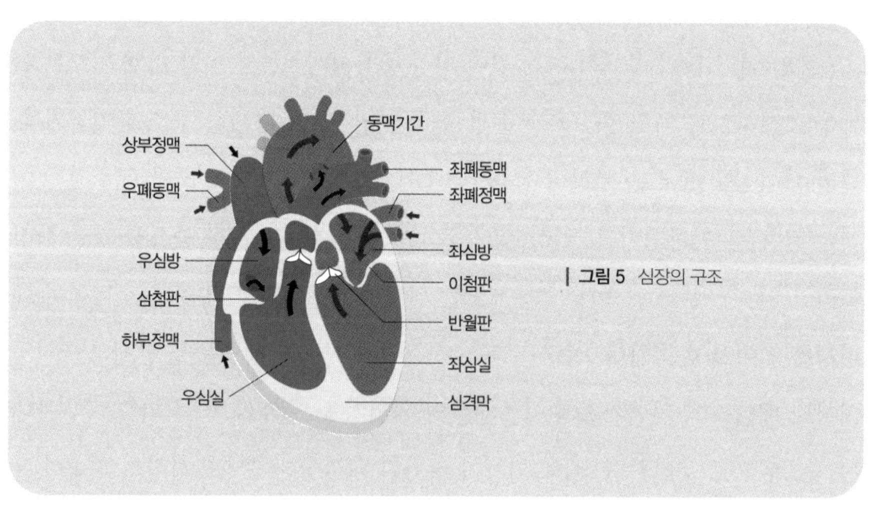

| 그림 5 심장의 구조

심장은 전기를 일으키는 심장근육에 의한 전기박동으로 밤에도 쉬지 않고 하루에 10만 번 이상 펌프질을 하면서 7,000리터 이상의 피를 순환시켜 생명을 유지시킨다. 피의 흐름은 심방과 심실, 폐동맥 또는 대동맥 사이에 위치한 4개의 심장판막에 의하여 한쪽 방향으로만 흐르도록 조절된다. 세상에 인체의 심장과 같이 정교하고 100년 가까이 고장 없이 움직이는 펌프기계가 또 어디에 있을까? 저절로 경탄이 나온다.

심장 부위에도 여러 가지 질병이 있다. 우선, 심실 또는 심방 벽에 구멍이 있는 등 선천적으로 잘못된 심장 구조를 가지고 태어나는 확률은 0.8%로 1,000명당 8명 정도로 생각보다 높다. 혈압이 높거나 혈당이 높으면 피를 펌프하기 위하여 에너지가 많이 들어 궁극적으로 심장 벽이 두꺼워지며 크기가 커진다. 또한 심장근육세포에 산소와 영양분을 공급하는 관상동맥(심장 표면을 덮고 있는 왕관 모양의 혈관)이 막혀서 심장근육의 기능이 떨어지는 협심증 및 심근경색도 많다. 추가로 선천적 또는 후천적 질병으로 심장판막의 기능이 고장나는 경우도 많고, 혈관이 손상되는 경우도 많다.

체내에 영구적으로 이식되는 인공심장과 심장판막, 인공혈관뿐만 아니라 일시적으로 피와 접촉하는 인공신장, 인공심폐기 및 혈관 주입 치료기기 개발의 어려운 점은 재료 표면에서 피가 굳어져서 피떡(의학적으로는 혈전이라고 함)이 형성되는 것이다. 이러한 피의 응고 현상은 인체의 원천적 방어기능의 하나로서, 혈관이 손상되면 피가 응고되어 피의 출혈을 막아 주는 시스템이 발동하기 때문인데, 재료 표면에서 똑같은 현상이 일어나는 것이다.

피는 55%가 액체로서 여러 가지 단백질과 염 화합물들이 녹아 있고, 45%는

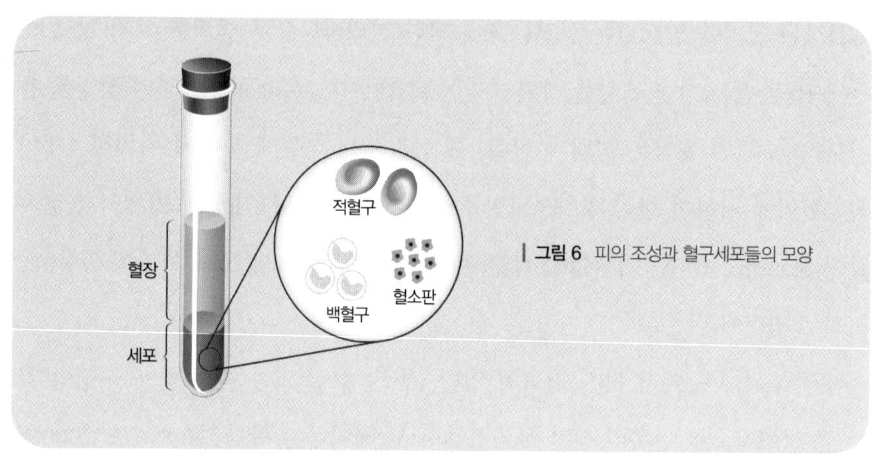

| 그림 6 피의 조성과 혈구세포들의 모양

세포 덩어리이다. 세포 중에는 산소를 운반하는 적혈구(크기는 약 7 ㎛)가 가장 많고, 박테리아를 먹어 살균하는 백혈구(크기는 12~25 ㎛)가 소량 있으며, 피의 응고를 주도하는 혈소판(크기는 3 ㎛)이 다수 있다.

피의 응고는 혈소판이 서로 응집 활성화되고, 피 속에 있는 파이브리노젠*을 비롯한 몇 가지 단백질(응고인자라고 부르는 단백질들)도 같이 참여하는 여러 단계의 복잡한 연쇄반응이다. 우리 체내에는 피의 응고를 막는 시스템이 존재하고 응고된 피떡을 다시 분해하는 시스템도 있지만, 인공재료와 접촉하면 피의 응고를 방지할 수 없으므로 항상 사전에 대비해야 한다. 예를 들면 인공혈관을 이식하면 표면에 피떡이 생겨서 인공혈관의 안쪽 면에 쌓이므로 내부 지름이 실질적으로 작아져 구경이 작은 인공혈관은 완전히 막히게 된다. 또한 미세한 피떡이 재료 표면에서 떨어져나가 피와 같이 순환하다가 다른 부위의 가느다란 혈관을 막아버릴 수도 있다.

그림 7 인공심장판막 표면에 응고된 피떡(혈전)

피의 상세한 응고 과정은 아직도 완전히 규명되고 있지 않으며, 재료의 화학적 및 물리적 특성이 피의 응고에 끼치는 영향도 아직 완전히 이해하지 못하고 있다. 대체로 재료의 표면이 극히 친수성[3]이거나 극히 소수성이면 피의 응고가 적고, 표면이 평탄하면 거친 표면보다 피의 응고가 적다.

또한 피가 빠르게 흐르는 부위는 피의 응고가 적지만 느린 부위는 피떡이 잘 생긴다. 마치 흐르는 물이 썩지 않고 고인 물이 썩는 것과 같다. 따라서 피가 빠르게 흐르는 인공심장의 경우는 피의 응고 문제가 심각하지 않지만, 속도가 느린 인공혈관, 인공신장 등은 문제가 심각하다. 그림 7은 이식된 인공심장판막 표면에 생성된 피떡을 보여 주고 있는데, 피의 흐름이 바뀌는 가장자리와 연결 부위에 피떡이 많이 생성되는 것을 알 수 있다.

그렇다면 이러한 인공심장판막을 인체에 어떻게 이식할 수 있을까? 다행히 피의 응고를 방지하는 헤파린*이나 합성 약제들이 개발되어 있다. 헤파린은 우리

3 '친수성'은 극성 결합을 많이 갖고 있어 물과 친한 경우이고, 반대로 '소수성'은 극성이 없고 물을 싫어하고 기름과 친한 경우이다. 예를 들면 유리는 친수성이고, 흔히 보는 플라스틱 필름은 소수성이다. 부록 2의 그림 9 참조.

체내에서 합성되는 천연 다당류의 일종으로 피의 응고를 막아 준다. 인공심장판막을 이식한 후 이러한 약제를 복용하면 피떡이 생기는 것을 방지할 수 있다. 그러나 이러한 약제를 복용한 환자에게 출혈이 일어나면 피가 응고되기 어려워 피를 계속 흘리는 문제점이 있다. 또한 해열진통제로 잘 알려진 아스피린도 혈소판의 응집을 방해하여 피가 응고되는 것을 방지한다. 의사가 고혈압 환자나 관상동맥이 좁아진 환자에게 매일 소량의 아스피린을 복용하게 하는 것은 피가 응고되어 혈관이 막히는 것을 예방하기 위해서이다.

한편 피가 쉽게 응고된다면 어떻게 환자의 피를 수집하고 헌혈 받은 피를 보관하여 다른 사람에게 수혈할 수 있을까? 피가 응고되려면 혈소판과 참여하는 응고인자 단백질들과 함께 칼슘 이온이 필요하다. 따라서 화학적으로 칼슘이온과 결합하는 구연산(시트린산)과 같은 화합물을 이용하여 피의 응고를 막고 있다. 즉 혈액검사 시에 피를 뽑아서 작은 튜브에 넣는데, 이 튜브 안에 칼슘과 반응하는 화합물을 미리 넣어놓아서 칼슘을 결합 제거하여 피가 응고되지 않게 하는 것이다.

인공심장

인공심장은 인공장기의 대표적인 예로서 오랜 개발 역사를 가지고 있다. 1950년대 미국을 중심으로 시작되었고, 1960년대 초반 케네디 대통령이 인간의 달 착륙과 인공심장을 국가적 프로젝트로 추진한다고 선언하면서 본격화되었다.

1967년 남아프리카공화국의 바나드(Barnard) 박사가 최초로 심장 이식을 성공시킨 데 자극을 받아 유타대학교, 텍사스대학교, 클리블랜드대학교 및 피츠버그대학교에서 경쟁적으로 인공심장 개발을 활발하게 진행하였으며 미국 국립보건원에서도 1970년대와 1980년대에 연구개발을 집중적으로 지원하였다. 1969년 미국 텍사스심장연구소의 리오타(Liotta)와 쿨리(Cooley) 박사 팀은 인공심장 리오타(Liotta) 모델을 최초로 환자에 이식하였으나 환자가 5일 만에 급성폐렴으로 사망하여 실패로 끝났다.

그림 8은 1982년 미국 유타대학교에서 최초로 환자에게 성공적으로 이식한 완전치환 인공심장 자르빅(Jarvik)-7의 구조로서, 환자의 심장을 떼어낸 자리에 이 인공심장을 달았다. 이 모델은 당시 유타대학교 콜프(Kolff) 교수의 총괄 지휘하에 진행된 프로그램에서 인공심장 설계책임자인 자르빅 박사의 이름을 따서 명명되었다. 콜프 교수는 일찍이 네덜란드에서 인공신장을 개발하였고, 후에 미

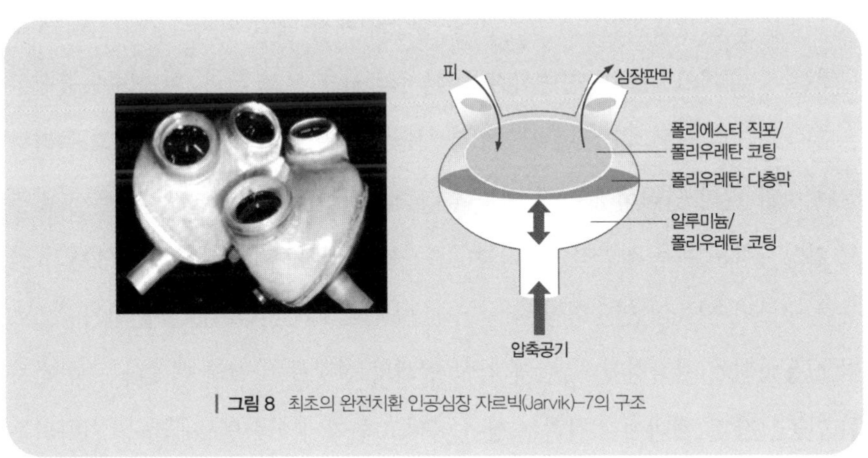

| **그림 8** 최초의 완전치환 인공심장 자르빅(Jarvik)-7의 구조

국으로 건너가 인공심폐기 및 인공심장 개발에 크게 기여하여 '인공장기의 아버지'로 불리고 있다.

이 인공심장의 타원구형의 상반부는 폴리에스터 직포를 폴리우레탄*으로 코팅하였고, 하반부는 알루미늄을 같은 폴리우레탄으로 코팅하였으며, 그 사이에 폴리우레탄으로 제조된 여러 겹의 다층막을 연결하였다. 폴리에스터는 폴리에틸렌테레프탈레이트[poly(ethylene terephthalate), 보통 약자인 PET로 부름]*라고 부르는 대표적인 합성섬유로서 옷에 쓰이는 재료와 같고, 오디오필름과 비디오필름 및 콜라 병 재료로도 쓰이고 있다. 폴리우레탄은 질기고 탄성이 좋아 롤러스케이트 바퀴 등에 쓰이는 합성고무로써 인공피혁과 탄력이 좋은 스판덱스 섬유로 개발되었는데 표면에 피가 적게 응고되는 물질로 평가되어 인공심장 재료로 적용되었다. 외부의 압축공기로 폴리우레탄 다층막을 상하로 움직여서 피를 펌프하므로, 환자가 이 공기압축기를 달고 다녀야 하는 불편한 점이 있다.

완전치환 인공심장은 1982년 미국 유타대학교에서 임상시험에 들어가 환자가 112일 동안 연명하였는데, 당시에는 매스컴에서 매일 환자의 건강상태를 보도하는 등 세계의 이목을 집중시켰다. 환자의 사후 부검 결과, 환자의 인공심장은 정상적으로 작동하였으나 감염으로 사망한 것으로 나타났다. 그리고 우려하였던 것과 달리 인공심장의 벽 내부나 다층막 표면에 피가 응고된 흔적이 없어서 임상시험은 매우 성공적이었다. 이 결과를 바탕으로 1994년 미국 FDA가 비슷한 구조와 기능의 인공심장(토라텍 사의 상품명 하트메이트(HeartMate))을 인가함으로써 실용화되기 시작하였다. 이와 같이 인체의 심장을 완전히 대체하는 '완전치환 인공심장'은 체내에 이식하는 형이 아니고 환자가 이식받을 심장을 기다리는 동안 병원에서 연명하는 목적으로 사용되고 있다. 그러나 압축공기 구동장치를 달고 다녀야 하므로 일상생활을 할 수는 없다.

그 후 인공심장의 개발은 크게 두 방향으로 전개되었는데, 하나는 인체의 심장을 제거하지 않고 피의 펌프를 도와주는 '좌심실 보조장치(LVAD)'를 추가로 부착하여 사용하는 것이고, 다른 하나는 체내에 이식할 수 있는 '체내이식형 인공심장'을 개발하는 것이다. 두 경우 모두 외부 공기압축기에 의하여 움직이는 시

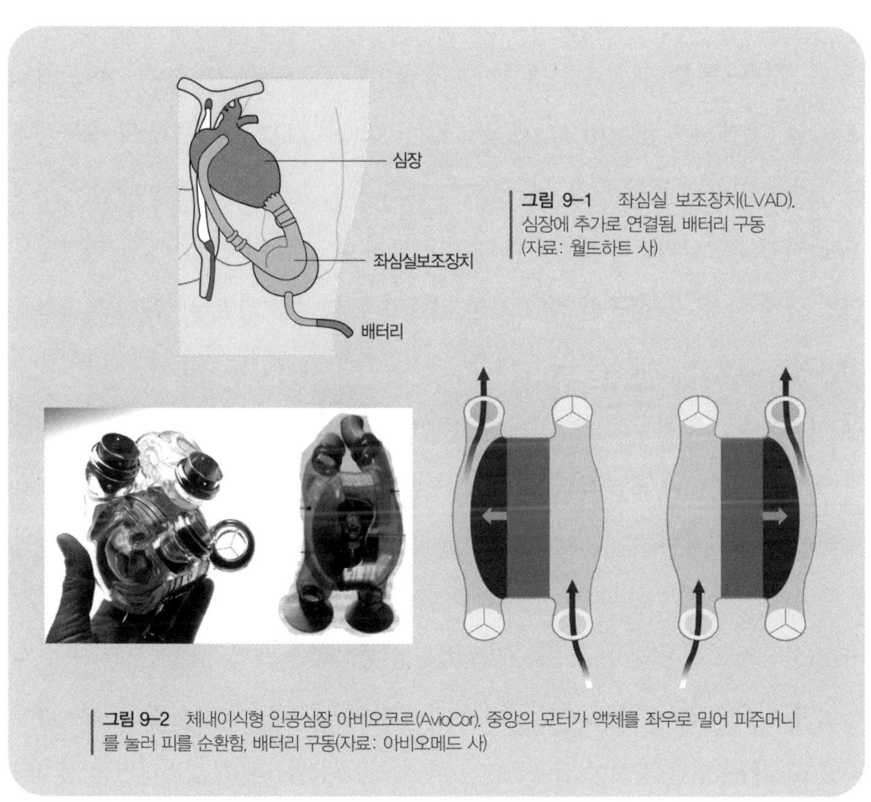

그림 9-1 좌심실 보조장치(LVAD). 심장에 추가로 연결됨. 배터리 구동 (자료: 월드하트 사)

그림 9-2 체내이식형 인공심장 아비오코르(AvioCor). 중앙의 모터가 액체를 좌우로 밀어 피주머니를 눌러 피를 순환함. 배터리 구동(자료: 아비오메드 사)

스템이 아니고 재충전형 배터리에 의하여 움직이므로 환자가 자유롭게 행동할 수 있다. 그림 9-1의 좌심실 보조장치는 환자의 심장을 제거하지 않고 추가로 부착하여 사용하므로 기능면에서나 경제적으로 유리하다. 캐나다의 월드하트 사가 개발한 노바코르(Novacor) LVAD를 필두로 현재 10여 개의 제품이 병원에서 사용되고 있고, 추가 제품들이 FDA 인가를 기다리고 있다. 피가 연속적으로 흐르는 형식이 대부분이지만 인체와 같이 박동을 주는 형식도 새롭게 등장하고 있다.

그림 9-2의 체내이식형 인공심장은 중앙의 전기모터가 액체를 좌우로 움직이며 피 주머니를 밀어서 피를 펌프하는 구조이다. 2004년부터 미국 아비오메드(Abiomed) 사가 개발한 아비오코르(AvioCor)는 2006년 FDA 인가를 받아 상품화되었는데, 피부를 관통하는 전선을 통하여 배터리에 전기를 공급하는 대신에 무선으로 전기를 공급받도록 설계하여 감염을 크게 줄였다. 이 인공심장을 이식받은 환자 중에 512일을 생존한 것이 최장 기록이다. 이러한 인공심장은 심장이식을 기다리는 많은 환자의 목숨을 구하고 있으나 제품 가격만도 1억 원을 넘어 폭넓게 사용되지는 못하고 있다. 우리나라에서도 이러한 체내이식형 인공심장을 수차례 이식수술한 경험이 있다.

2013년 프랑스의 카르마 사는 센서와 마이크로프로세서를 부착하여 환자의 움직임에 따라 필요한 피의 양을 인식하고 심장 박동을 스스로 조절하여 환자가 정상적으로 활동할 수 있는 자기조절형 인공심장을 개발하였다. 크기는 실제 심장과 비슷하고, 피의 응고를 방지하기 위하여 내부는 소의 심장조직을 사용하였고, 리튬-이온 전지를 사용하며 실제 심장보다 약 3배 무겁지만 5년 간 2억

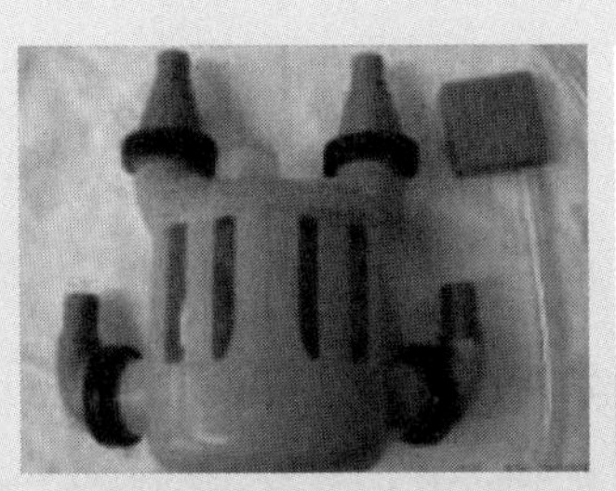
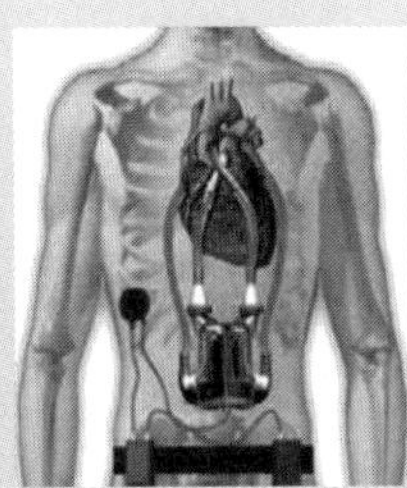

그림 10 한국형 체내이식형 인공심장 애니하트(AnyHeart). 전기 모터가 좌우로 굴러 움직이며 피 주머니를 눌러 피를 순환하는 모델(자료: 서울대학교)

3,000만 번 박동할 수 있다고 한다.

우리나라 서울대학교 민병구 박사 팀도 세계 최초의 전기구동식 체내이식형 인공심장으로 인정받은 애니하트(AnyHeart)를 개발하여 2001년 응급환자에게 이식한 실적이 있다. 이 모델은 펌프모터가 시계추처럼 좌우로 움직이며 피 주머니를 눌러서 피를 순환시킨다. 기능이 약해진 심장을 제거하지 않고 추가로 혈관을 연결하여 사용하는 형태로 설계되었고 무선으로 전기를 공급받는다.

또한 선경 박사가 이끄는 한국인공장기센터가 개발한 H-VAD는 휴대형 양쪽 심실형으로서 몸 밖에 인공심장을 부착하고 관으로 몸 안의 심실과 연결해 피를 순환시킨다. 이 H-VAD는 송아지에 이식하여 125일을 생존시키는 결과를 얻어서 미국 FDA 기준을 넘었다. 미국 FDA 기준에 의하면 실험동물에서 90일 이상 계속 작동한 장치는 인체에 시험할 수 있고 임상시험 이전에라도 응급환자에 적용할 수 있는 자격을 얻는다.

심장박동을 조절하는 심장박동조절기

심장근육세포는 전기적인 수축 팽창을 일으켜 심장을 박동시키며 혈액을 순환시킨다. 정상적인 심장박동수, 즉 맥박 수는 안정할 때에 1분 동안에 50~80회이고, 운동할 때에는 최고 180여 회까지도 증가한다. 이와 같이 심장은 하루에 10만 번 이상 박동하는 정교한 펌프기계이다. 심장근육세포의 전기전달 경로가 잘못되거나 다른 기능의 이상으로 맥박이 일정하지 못한 경우를 부정맥이라고 하는데, 심한 경우에는 맥박이 일시적으로 중단되기도 하여 심장이 마비되는 위험한 상태가 올 수도 있다. 맥박이 정상보다 빠른 경우를 빈맥 증상이라고 부르며 가슴이 심하게 두근거리고 호흡이 곤란하며 어지러움을 느끼고 정상보다 느리면 서맥 증상이라고 부르며 산소가 부족하여 어지럽고 현기증을 느낀다.

심장박동 조절기는 심장근육세포에 소량의 전기 신호를 보내어 심장을 박동시키는데, 특히 서맥의 증상을 완화시킨다. 심장박동 조절기는 배터리로 움직이는 박동기와 전극선으로 구성되어 있는 작은 고성능 컴퓨터로서(그림 11), 체내에 이식되어 심장의 활동을 지속적으로 분석하여 심장의 수축 활동이 감지되지 않을 때에는 전기적인 에너지를 내보내어 심장을 자극시켜 수축하도록 설계되어 있다.

심장박동 조절기의 개념은 1920년대부터 논의되었으나 초기 모델은 매우 크고 기능이 불완전하였다. 그 후 트랜지스터의 발명에 따르는 전자산업의 발전과 배터리 기술의 발전으로 점차 소형화되고 기능도 개선되었으며, 1970년대 초반에 카디악 페이스메이커 및 메드트로닉 사를 선두로 완전한 제품이 도입되었다.

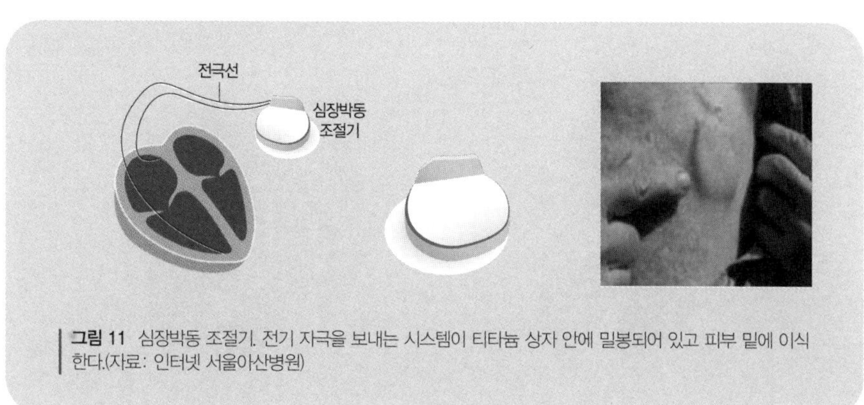

그림 11 심장박동 조절기. 전기 자극을 보내는 시스템이 티타늄 상자 안에 밀봉되어 있고 피부 밑에 이식한다.(자료: 인터넷 서울아산병원)

현재는 리튬전지를 사용하는 소형 시스템을 티타늄 상자 안에 밀봉한 제품이 표준이다. 티타늄은 금속 중에서 제일 가볍고 부식에 강해 특수 비행기 재료 및 의료용으로서 인공관절용으로 사용된다(4장 참조). 전극선은 앞에서 설명한 인공심장의 재료로 사용된 폴리우레탄으로 코팅하였는데, 10여 년 전에 이 폴리우레탄 코팅이 체내에서 분해되는 문제를 일으킨 적이 있다.

인공심장판막

심장에는 우심방과 우심실 사이에 삼첨판, 좌심방과 좌심실 사이에 승모판, 우심실과 폐동맥 사이에 폐동맥판, 좌심실과 대동맥 사이에 대동맥판의 4개의 판막이 심실이 확장과 수축을 하는 동안에 피를 한 방향으로만 흐르도록 조절하고 있다. 즉 심실이 확장되면 폐동맥판과 대동맥판이 닫히고 삼첨판과 승모판이

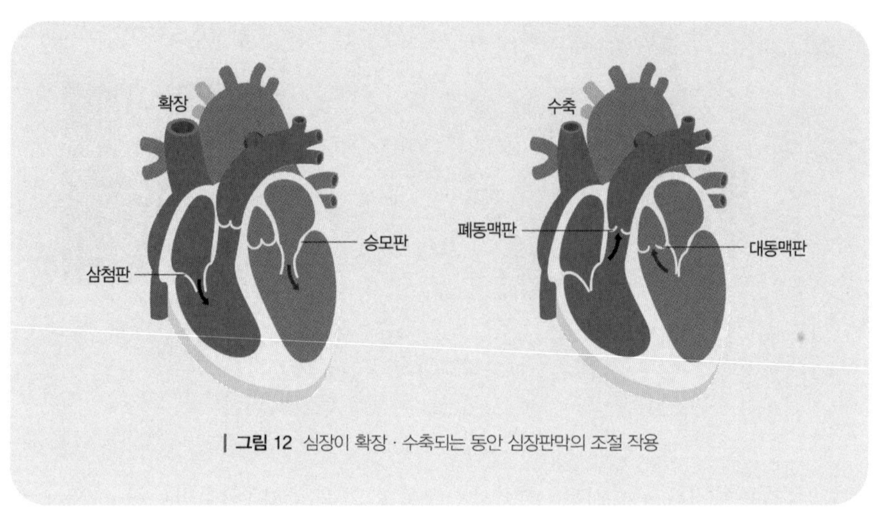

| 그림 12 심장이 확장 · 수축되는 동안 심장판막의 조절 작용

열려 피가 심실로 내려오고, 심실이 수축되면 반대로 삼첨판과 승모판이 닫히고 폐동맥판과 대동맥판이 열려 피가 폐 또는 전신으로 나간다(그림 12). 앞에서도 이야기하였지만, 선천적으로 심장 구조가 잘못되어 태어나는 확률이 생각보다 높고, 그중 심장판막 구조가 잘못된 경우도 많다. 또한 질병으로 심장판막이 손상되는 경우도 많다. 이러한 수요를 바탕으로 인공심장판막은 인공심장보다 더 일찍 개발 상품화되었다.

인공심장판막은 1950년대 후반부터 개발되기 시작하였으나, 초기에는 피의 흐름이 원활하지 못하고 피떡이 생성되는 어려움이 있었다. 미국의 스타즈(Starrs)와 에드워즈(Edwards) 박사 팀은 스테인리스 스틸 새장(cage) 안에 실리콘*으로 만든 작은 공을 삽입하여 공이 상하로 움직이며 피의 흐름을 조절하는 인공심장판막을 완성하고 1962년 최초로 환자에 성공적으로 이식하였다(그림 13의 왼쪽).

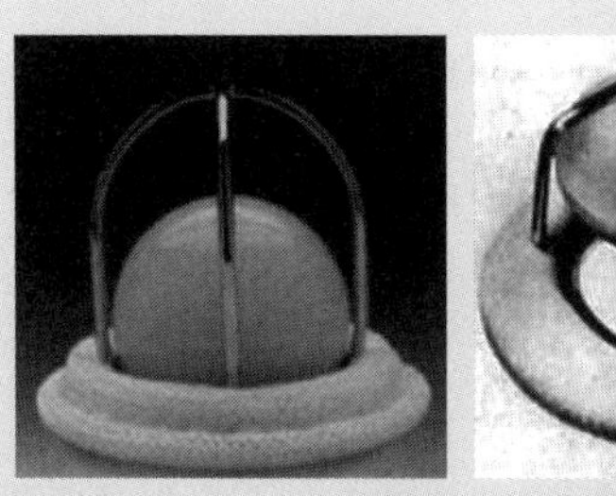

그림 13 초기의 인공심장판막. 왼쪽의 스타-에드워즈형, 오른쪽의 케이-쇼일리형(자료: 세브란스 병원)

실리콘은 원래 미국 다우코닝 사가 제2차 세계대전 중에 높은 고도로 비행하는 B-29 폭격기의 혹한용 윤활유로 개발하였는데, 열과 화학약품에 잘 견디는 특수 고무로도 많이 쓰이고, 특히 인체에 무해하여 코, 귀 등 인공조직으로도 많이 사용된다. 그 후 실리콘 공 대신에 원반이 삽입된 케이-쇼일리(Kay-Shiley)형이 개발되었다(그림 13의 오른쪽).

현재 사용되고 있는 인공심장판막은 두 가지 형태로서 재료도 다르다. 그림 14는 금속 심장판막을 보여 주고 있다. 재료는 체내에서 부작용이 제일 적은 티타늄으로서 몸통의 중앙부에 원반형 날개가 부착된 디자인으로, 원반형 날개가 열리고 닫혀 피의 흐름을 조절한다. 날개가 하나인 단엽형보다 두 개인 양엽형이 인체 구조와 비슷하여 피의 흐름이 보다 더 자연적이라는 의견이 많다. 사용 중에 몸통과 원반의 연결 부위가 부러지는 위험이 없도록 용접하지 않고 원통 형태의 재료를 통째로 파 들어가면서 가공한다. 그럼에도 불구하고 20여 년

전에 이러한 심장판막을 이식한 환자가 몸통과 원반의 연결 부위가 끊어져 즉시 사망한 경우가 있었다. 날개의 표면은 피의 응고를 줄여 주기 위하여 탄소로 코팅한다.

이 금속 심장판막은 강하고 오래 사용할 수 있으나 탄소 코팅에도 불구하고 표면에 피가 응고되어 피떡이 생성되는 경우가 대부분이다. 특히 그림 15의 오른쪽과 같이 피의 흐름이 정상보다 느린 부위, 즉 가장자리 및 연결 부분에 피떡이 생성되는 것을 볼 수 있다. 따라서 금속 심장판막을 이식한 환자는 일생 동안

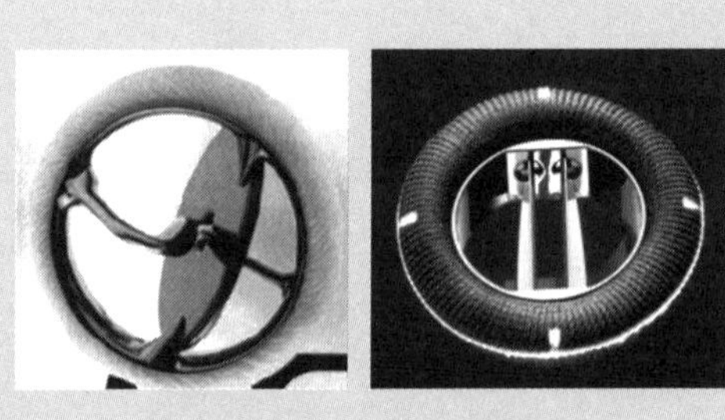

그림 14 금속 심장판막. 왼쪽이 단엽형(원반형 날개가 하나), 오른쪽이 양엽형(원반형 날개가 두 개) (자료: 세브란스병원)

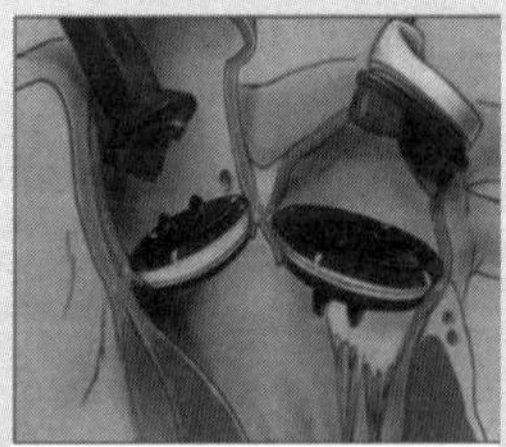

그림 15 이식된 금속 심장판막(왼쪽) 및 피떡이 생긴 경우(오른쪽) (자료: 세브란스병원)

피의 응고를 방지하는 약제를 복용해야 하며, 이러한 경우에 출혈이 생기면 멈추기 어려운 점도 있다. 또한 금속 원반이 움직이는 소리가 환자에게 들려서 불쾌한 기분이 있다고 한다.

다른 한 종류의 인공심장판막은 그림 16의 생체조직 심장판막이다. 1969년에 카이저(Kaiser) 팀에 의하여 개발된 방법에 의하여, 돼지의 심장판막 또는 소의 심장겉질조직을 채취하여 글루타르알데하이드($O=CH-CH_2-CH_2-CH_2-CH=O$)로 처리하면 (실제로는 단백질이 알데하이드 관능기와 결합하여 그물망 구조로 가교됨) 체내에서 분해되지 않고 세포들을 죽여서 이식할 때 거부반응을 없앨 수 있다. 나는 직접 외국의 생산공장에서 여자들이 일일이 손으로 돼지 심장판막을 생체조직 심장판막으로 손질하여 생산하는 모습을 본 적이 있다. 생체조직 심장판막은 강하지 않지만 인체의 심장판막과 기능과 특징이 비슷하다. 가장 큰 장점은 금속 심장판막과 달리 표면에 피가 응고되지 않아서 피의 응고를 막는 약제를 복용할 필요가 없다는 점이다.

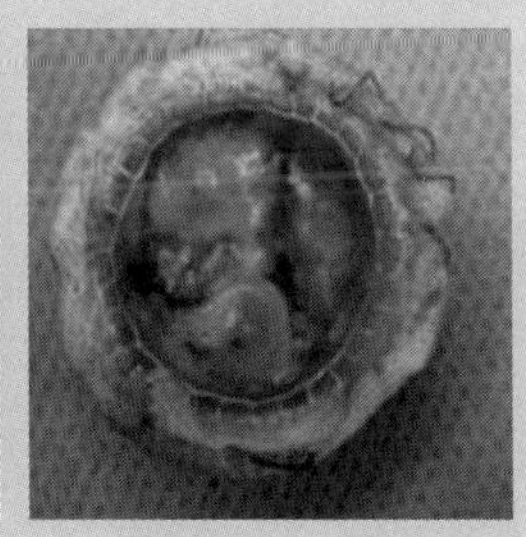

| 그림 16 생체조직 심장판막(왼쪽) 및 석회화된 경우(오른쪽)(자료: 세브란스병원)

그러나 생체조직 심장판막은 시간이 지나면 내부에 칼슘화합물이 쌓이는데(석회화 현상이라고 부름.), 마치 돌가루가 재료 내부에 쌓이는 것과 같으므로 처음에는 부드러웠던 성질이 점점 딱딱해져서 결국 10여 년이 지나면 찢어지므로 교환해야 하는 문제점이 있다(그림 16의 오른쪽).

따라서 생체조직 심장판막의 석회화를 방지하는 연구가 많이 진행되었으나, 아직 그 생성 원인과 과정에 대해서는 완전히 이해하지 못하고 있다. 살아있는 세포는 세포 안의 칼슘 농도를 세포 외부보다 10,000분의 1 정도로 작게 유지하도록 칼슘을 세포 밖으로 배출하여 석회화를 막는 시스템이 있는데 (인체의 신비로운 기능의 하나임), 조직이 죽으면 이 시스템이 무너져서 칼슘 이온이 재료 내부로 확산되어 들어오고 피 속의 인산이온과 만나서 인산칼슘을 만들어 쌓이므로, 자연현상인 칼슘 이온의 확산을 막을 수 없다. 동물의 심장판막을 처리하는 글루타르알데하이드 자체가 독성이 있고 석회화의 원인이라는 학술적 근거도 있으며, 글루타르알데하이드보다 석회화를 감소시키는 다른 화학적 처리 방법도 성공적으로 연구되었음에도 불구하고, 확실하지 않은 상태에서 FDA에서 인가받

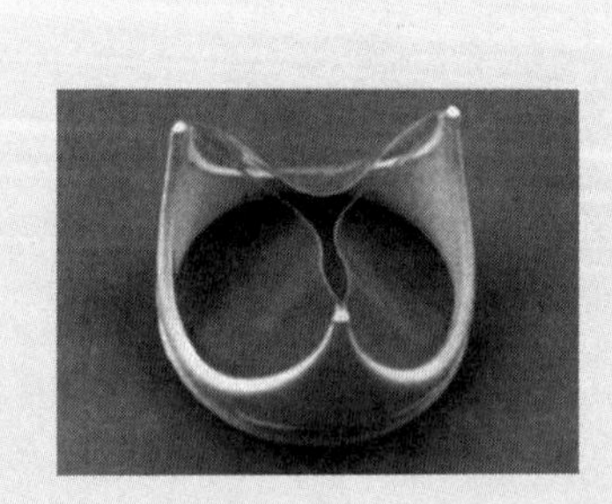

| 그림 17 폴리우레탄 재질의 실패한 인공심장판막

은 제조방법을 바꾸기 위하여 막대한 개발비를 투자하기는 어렵다. 특수한 계면 활성제로 추가 처리한 생체조직 심장판막이 석회화가 지연되는 제품으로 판매되고 있기는 하지만, 문제를 완전히 해결한 것은 아니다.

인공심장에 사용한 폴리우레탄 고분자는 강하고 탄성이 좋고 피의 응고가 심하지 않아서 인공심장판막의 재료로도 적합할 것으로 기대되었지만, 동물실험 결과 체내에서 천천히 분해되어 강도가 떨어지고, 특히 석회화가 더 빠르게 진행되어 실패하였다(그림 17).

피의 통로 역할을 하는 인공혈관

심장을 나온 피는 동맥을 거쳐 모세혈관을 통하여 몸 전체로 퍼지면서 산소와 영양분을 나르고, 탄산가스와 물질대사 찌꺼기를 모아서 정맥을 통하여 다시 심

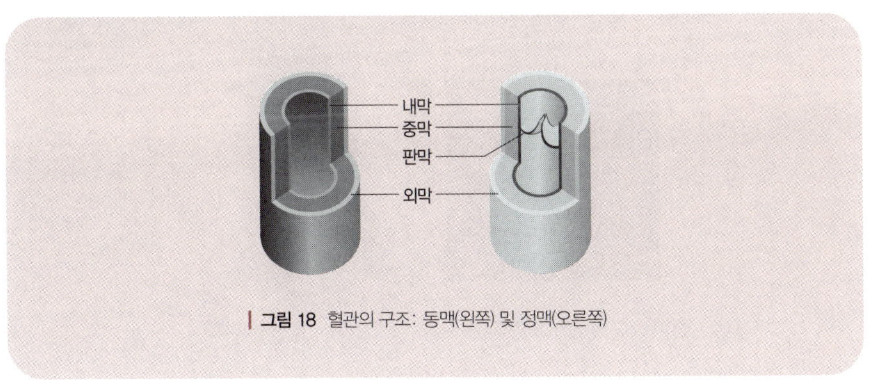

| 그림 18 혈관의 구조: 동맥(왼쪽) 및 정맥(오른쪽)

장으로 되돌아온다. 인체의 혈관조직은 총 12만 킬로미터 길이에 이르는 어마어마한 도로망이다. 그림 18은 구경이 큰 혈관의 구조를 보여 주며, 혈관은 내막, 중막, 외막으로 되어 있다.

내막은 한 층의 혈관내피세포로 덮혀 있고 피의 응고를 막는 물질을 계속 분비하므로 피가 혈관 내부에서 응고되지 않지만, 혈관내피세포층이 손상되면 즉시 피를 응고시키는 시스템이 작동하여 피의 출혈을 막는다.

중막은 평활근세포에 의하여 합성된 콜라젠* 섬유가 강도를 담당하고 있는데, 이 콜라젠 섬유는 피가 흐르는 방향에 수직으로, 즉 혈관 벽을 따라 동심원 모양

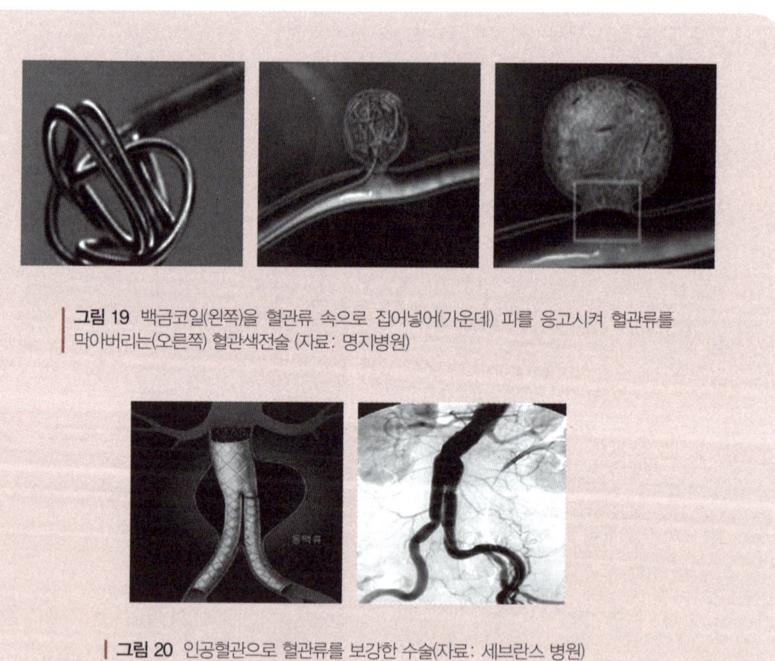

그림 19 백금코일(왼쪽)을 혈관류 속으로 집어넣어(가운데) 피를 응고시켜 혈관류를 막아버리는(오른쪽) 혈관색전술 (자료: 명지병원)

그림 20 인공혈관으로 혈관류를 보강한 수술(자료: 세브란스 병원)

으로 배열되어 있어서 혈관이 옆으로 (피의 방향에 대하여 수직 방향으로) 부드럽게 늘어날 수 있다. 그러나 어느 한계 이상에서는 늘어나면 늘어날수록 더 큰 강도로 버티는 특성이 있어 쉽게 파열되지 않는다. 이러한 특성은 인체의 신비스러운 구조를 다시금 보여 주는 예인데, 보통 인공재료는 작게 늘어나는 범위에서 강하게 버티고 크게 늘어나면 버티지 못하는 모양을 보여 주기 때문이다. 동맥은 혈압이 높아서 두껍고 강하며, 정맥은 보다 얇고 한 방향으로 흐르도록 판막이 있어, 이 둘은 성질과 강도의 차이가 크다.

혈관도 사고 및 질병으로 인하여 손상되는 경우가 많다. 혈관벽에 칼슘염이 쌓여서 탄성이 줄어들기도 하고, 특히 혈관벽 일부가 얇아져서 꽈리처럼 부풀어 올라오는 경우에 (혈관류라고 부름) 혈관이 파열되면 위급한 상황이 된다. 이러한 혈관류는 그 내부로 백금 코일을 집어넣어 의도적으로 피를 응고시켜 혈관류 전체를 굳혀버리는 혈관색전술로 치료하거나(그림 19), 부위에 따라서 인공혈관으로 혈관류 장소를 보강한다(그림 20).

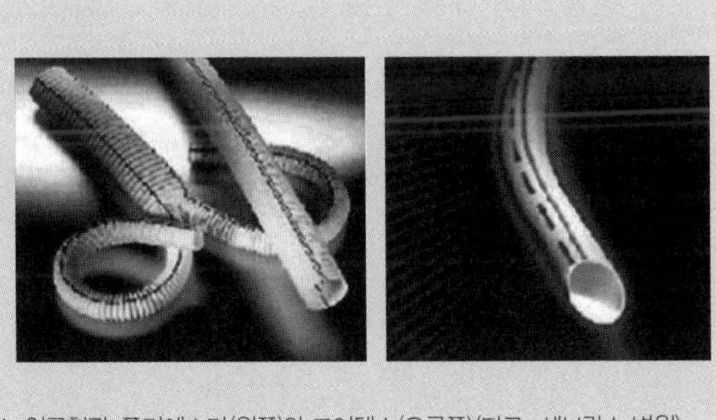

| 그림 21 인공혈관, 폴리에스터(왼쪽)와 고어텍스(오른쪽)(자료: 세브란스 병원)

인공혈관의 개발도 오랜 역사를 가지고 있다. 1949년 쿤린(Kunlin)은 환자의 정맥을 떼어내어 동맥으로 대용하는 실험에 성공하였다. 현재 사용되는 인공혈관의 재료는 폴리에스터와 고어텍스(Gore-Tex)*의 두 가지이다(그림 21).

폴리에스터는 대표적인 합성섬유인 PET*로서 우리가 일반적으로 입는 옷감의 재료이다. 1960년대에 드배키(DeBakey)가 튜브형 PET 직물을 인공혈관으로 개발하였다. 통상적인 PET 섬유를 원통형으로 편직하거나 직포로 짜서 만드는데, 구부려도 접히지 않도록 가공해야 하고 체내에 이식 후 X선으로 보이도록 황산바륨 선을 첨가하여 제조한다(그림 21 왼쪽의 검은 줄). 인공혈관도 우리가 흔히 입고 있는 폴리에스터 합성섬유를 특수하게 가공하여 인공혈관으로 만들면 값비싼 첨단제품으로 변하는 좋은 예이다.

고어텍스는 테플론(듀폰 사의 상품명, Teflon, 학술적으로는 폴리테트라플루우오로에틸렌)* 불소수지 필름을 특정한 조건으로 잡아당겨 미세한 구멍이 많이 생기도록 (다공성 구조로 부름) 제조한 재료이다. 테플론은 원래 높은 온도나 화학약품에 가장 잘 견디고 표면이 잘 미끄러지는 불소계 고분자로서 프라이팬 코팅, 실험기구의 코크, 밸브 연결 부위를 밀봉하는 테이프 재료로 쓰인다. 고어텍스는 원래 통기성 방수섬유포로, 즉 비는 막아 주지만 미세한 구멍을 통하여 수증기와 공기는 통과하는 등산복 재료로 개발된 것으로서, 1970년대에 이 고어텍스를 인공혈관으로 개발하였다.

이들 인공혈관을 체내에 이식하면 편직 및 직조한 폴리에스터 섬유 사이나 고어텍스 미세구멍 속으로 섬유아세포(인체에서 가장 많은 세포, 콜라젠을 만듦)가 자라 들어가므로 혈관이 고정된다. 그림 22는 혈관들의 안쪽 면 및 표면의 다공성 구조

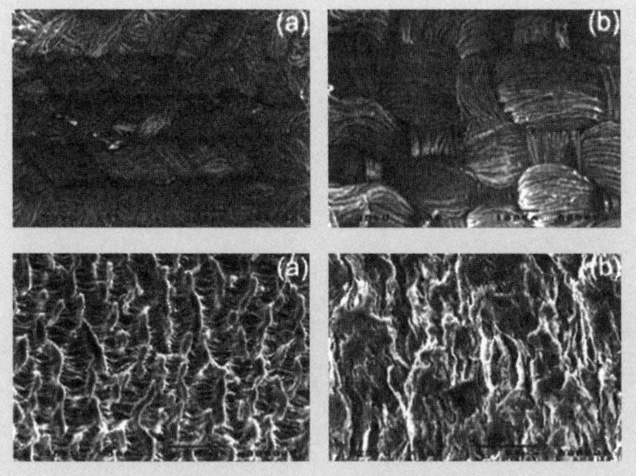

| **그림 22** 인공혈관의 안쪽 면과 표면의 다공성 구조(자료: 세브란스 병원)

를 보여 주고 있다.

현재 많은 수의 인공혈관이 사용되고 있어서 성공적으로 보이지만, 실제로는 중대한 한계점들이 있다. 첫째는 인공혈관 안쪽 벽에 피떡이 생겨서 쌓이므로 피가 흐를 수 있는 직경이 감소하게 되고, 따라서 인공혈관이 가늘면 피떡에 의하여 내부가 완전히 막혀버릴 수 있다는 점이다. 현재 가능한 인공혈관의 최소 구경은 3밀리미터이고, 그 이하는 막혀서 불가능하다. 그러나 실제로 관상동맥 등 구경 3밀리미터 이하의 인공혈관이 절실하게 필요하다. 즉 구경 3밀리미터 이하의 소구경 인공혈관의 개발은 인류의 영원한 숙제이다.

둘째는 인공혈관이 인체의 혈관과 연결되는 부위가 자연적이 아니라는 점이다. 그림 23에서 보는 바와 같이, 인공혈관을 인체 혈관과 연결시켜도 혈관내피

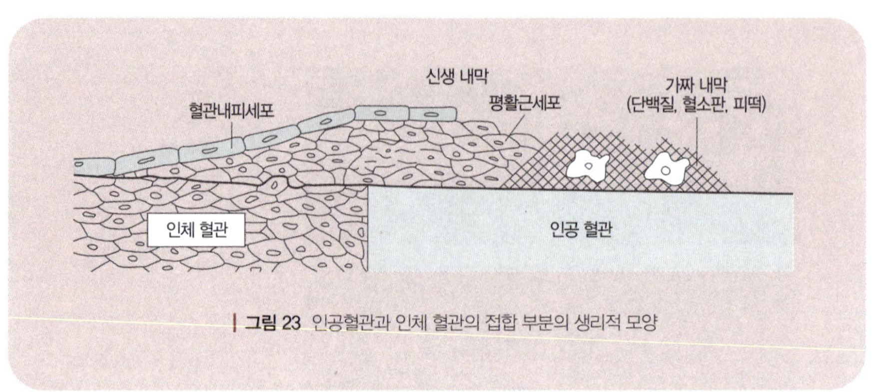

| 그림 23 인공혈관과 인체 혈관의 접합 부분의 생리적 모양

세포가 인공혈관 안쪽 벽으로 깊이 자라서 들어가지 않는다. 인공혈관은 그림 22와 같이 다공성 구조이고 다른 섬유아세포들은 자라 들어가는데, 혈관내피세포는 자라 들어가지 않으므로 결과적으로 피떡을 방지하는 기능을 하는 혈관내막이 재생되지 않아서 항상 피떡이 생길 위험성이 있다. 즉 인공혈관의 신생 내막은 진짜 혈관내피세포층이 아니라 피떡, 단백질, 지방질 등으로 구성된 가짜 내막으로서 피의 통로 역할만 하는 것이다. 또한 인공혈관과 인체 혈관은 신축성과 강도가 틀리므로 오랜 시일이 지나면 연결 부위에서 문제를 일으키고, 연결 부위가 인체의 재생작용에 의하여 과다 성장하여 부작용을 일으킨다.

관상동맥 확장 스텐트 시술

관상동맥이란 심장 표면을 덮고 있는 세 갈래의 왕관 모양의 혈관으로서 심장근육세포에게 산소와 영양분을 공급하는 역할을 하며 구경이 2~3밀리미터로 가늘다. 피 속에 콜레스테롤과 지방 성분이 증가하면 혈관 안쪽 벽에 조금씩 쌓여 혈관 내부가 좁아지는데, 이를 동맥경화라고 부른다. 혈관이 더욱 막히면 피가 통하지 못하여 해당 부위의 심장근육세포가 산소와 영양분을 공급받지 못하므로 죽게 되며, 이 과정을 협심증이라고 한다. 협심증은 가슴을 바늘로 찌르는 것과 같은 통증을 느끼며, 정도는 개인에 따라 차이가 크다. 더 진행되면 해당 부위의 심장근육이 박동하는 기능을 잃는 심근경색 상태가 되고 결국에는 심장마비에 이르게 된다.

이렇게 동맥경화-협심증-심근경색-심장마비로 발전되는 관상동맥질환은 현재 국내에서 암 다음으로 가장 많이 발생하는 질병이다. 그러나 암은 종류가 많지만 협심증은 한 가지 병이므로 실제로는 단일 증상으로서 가장 많은 질병이라고 할 수 있다. 뚱뚱하고 콜레스테롤이 많고 혈압이 높고 당뇨병이 있고 담배를 많이 피우는 사람은 관상동맥질환에 걸릴 확률이 매우 높다. 관련 의사들에

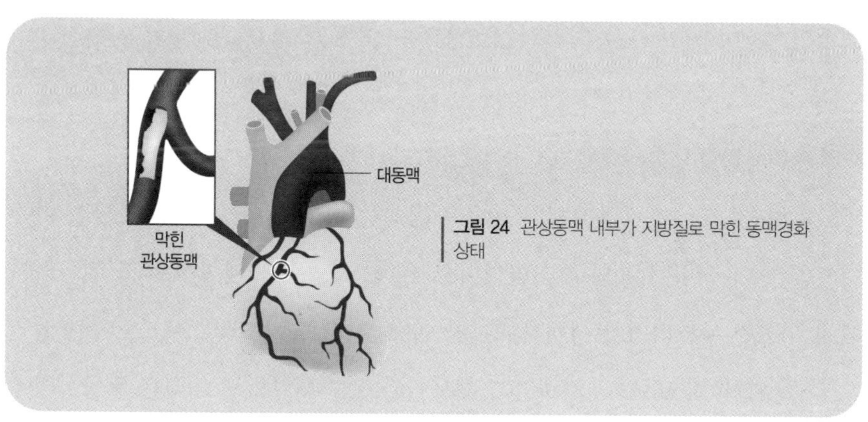

그림 24 관상동맥 내부가 지방질로 막힌 동맥경화 상태

의하면, 우리나라는 1970년대만 해도 협심증 환자가 매우 드물어서 환자가 들어오면 신기하여 구경하러 갈 정도였다고 한다. 또 그때는 인기 없는 분야를 전공분야로 잘못 선택하였다고 후회하였다는 일화도 있다. 그러나 오늘날에는 가장 많이 발생하는 질병으로, 고기를 많이 먹는 식생활의 변화와 과잉 영양이 주된 원인으로 파악되고 있다.

심근경색이 심하여 갑자기 심장마비 상태가 오면 응급조치로서 혈관확장제인 니트로글리세린을 혀 밑에 넣거나 뿌리기도 한다. 그러나 결국은 막힌 혈관을 다시 뚫거나 심한 경우 우회하는 혈관을 새로 만드는 수술을 해야 한다. 그림 25는 풍선카데타(카데타는 긴 관, 폴리우레탄 재료임) 및 추가로 스텐트(stent)를 사용하여 관상동맥을 확장하는 시술을 보여 주고 있다.

풍선카데타가 허벅지 혈관을 통하여 심장 내부로 들어가 혈관이 막힌 부위까지 들어가면 풍선을 갑자기 팽창시켜 혈관을 막고 있는 지방층을 혈관 벽으로 눌러 막힌 곳을 뚫는다. 이때 풍선을 8기압이 넘는 고압으로 갑자기 팽창시키며 혈관 내벽을 누르므로 혈관내피층이 부분적으로 벗겨지고 상처를 입는다. 혈관 내부에 쌓인 지방층이 너무 딱딱하면 회전하는 작은 톱으로 지방층을 깎아내기도 한다.

관상동맥확장시술은 1977년 스위스 취리히병원에서 근무하던 독일 의사 그륀트치히(Gruentzig)가 처음으로 풍선을 사용하는 방법을 제안하였는데 당시 다른 의사들은 이 방법에 동의하지 않았다고 한다. 지방층이 꽤 딱딱하고 찐득하여 세게 누르면 부스러기가 생겨서 피 속으로 들어갈 수 있어 다른 가느다란 혈관을 막을 위험이 크다고 생각하였기 때문이다. 그러나 그륀트치히는 동물실험에

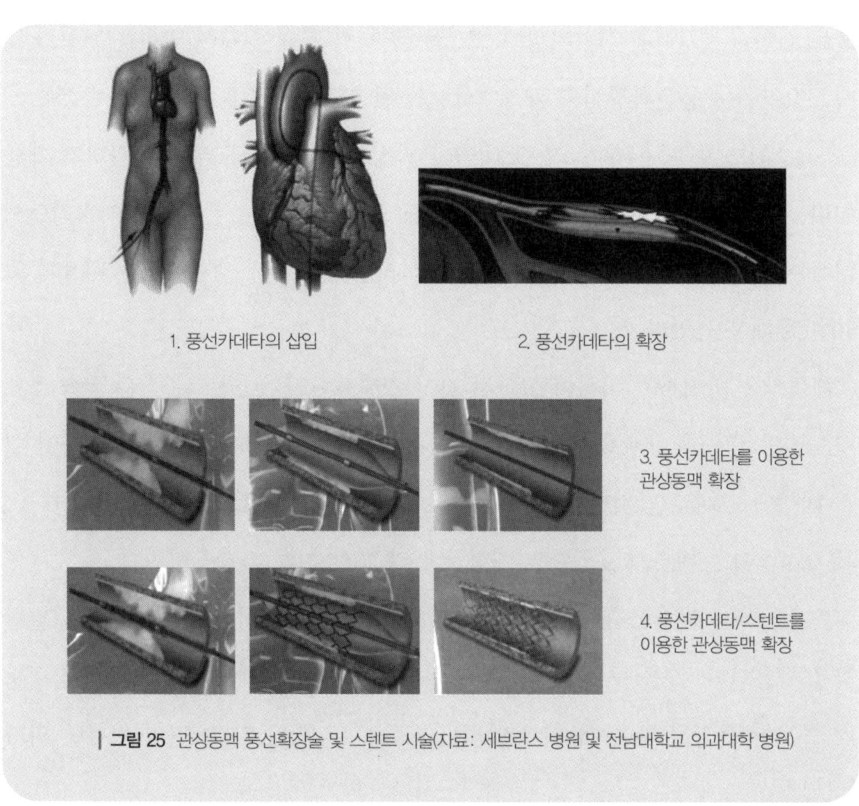

| **그림 25** 관상동맥 풍선확장술 및 스텐트 시술(자료: 세브란스 병원 및 전남대학교 의과대학 병원)

이어서 환자를 대상으로 실험하여 성공함으로써 그 가능성을 증명하였다. 또한 그는 그 기술을 주위에 교육시키고 전파하여 짧은 기간에 세계적으로 퍼지게 하는 공로를 세웠다. 우리나라에서도 2011년에 45,000명이 이 시술을 받았고 세계적으로는 수백만 명이 이 시술의 혜택을 받았다.

관상동맥확장시술은 가슴을 여는 심장수술 대신에 단지 긴 관을 허벅지 혈관을 통하여 넣어서 시술하므로 간단하고 성공률이 97%를 넘을 정도로 안전한 시술로 꼽힌다. 그러나 일단 확장된 혈관은 몇 개월 이내에 다시 막히는 경우가 많다. 그 이유는 풍선확장시술 과정에서 손상된 혈관내피층을 재생하기 위하여 (인체의 원천적인 재생과정에 의하여) 혈관 내벽이 비정상적으로 과도하게 자라나기 때문이다. 그림 26에서 스텐트를 삽입하였어도 혈관 내벽이 스텐트를 묻어버리면서 너무 자란 것을 볼 수 있다. 종래에는 풍선확장시술 후에 재협착되는 비율이 약 50%로 매우 높았다.

재협착을 방지하기 위하여 고안된 것이 스텐트이다. 스텐트는 작은 금속 스프링으로써 풍선카데타 표면에 붙여서 같이 삽입하여 혈관과 동시에 확장되며 혈관 내부에 그대로 남겨져서 혈관이 다시 좁아지는 것을 물리적으로 방지한다(그림 25의 4). 이 스텐트의 도입으로 재협착은 약 20% 이하로 감소하였다.

스텐트의 재료는 스테인리스 스틸, 코발트-크롬합금, 탄탈리움 또는 니티놀합금을 사용한다. 그물 구조로 제조되어 접혀서 삽입된 후에 자동적으로 확장되거나 풍선이 확장될 때 동시에 확장되는 구조로 설계되었다. 표면이 거칠면 피가

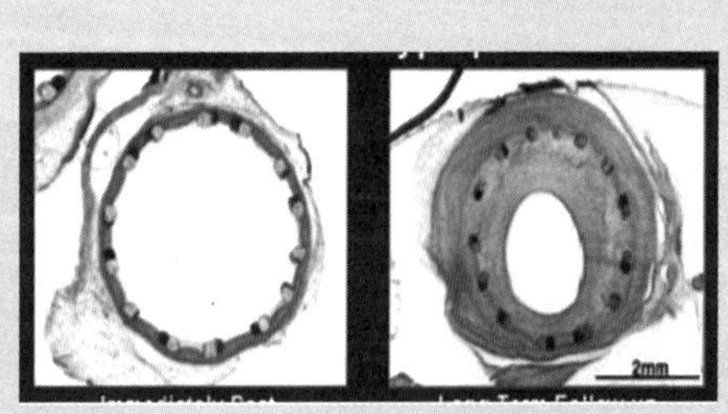

그림 26 풍선확장술로 확장된 혈관의 재협착. 혈관 내벽이 지나치게 자라서 다시 막힌다.(자료: 전남대학교 의과대학 병원)

응고되기 쉬우므로 표면을 레이저로 아주 매끈하게 가공하고 있다. 그중에 니티놀(Nitinol) 재료는 니켈과 티타늄이 약 50:50으로 섞인 합금인데, 탄성이 매우 크고, 특히 형상기억기능(온도를 올려 주면 원래의 형상으로 돌아가는 기능)이 있어 이 기능을 이용하여 접어서 체내로 삽입한 후에 체온에 의하여 확장되는 스텐트로 개발되었다.

그림 27은 동맥경화가 일어난 부위에 피가 막혔지만 관상동맥을 확장하고 스텐트를 삽입한 후에는 그 부위가 확장되어 피가 다시 흐르는 것을 혈관조영술로 관찰한 것이다.

재협착을 막는 스텐트도 단점이 있다. 금속 재료는 양이온성으로 음이온성이 강한 피를 잘 응고시키므로 스텐트 표면에 피가 응고되어 피떡을 만든다. 더욱이 금속 스텐트가 부드러운 혈관벽을 파고 들어가므로 혈관내피층이 손상되어 피떡이 생긴다. 마치 종이를 찍는 스테이플러 철사가 살을 파고드는 모양이다. 따라서

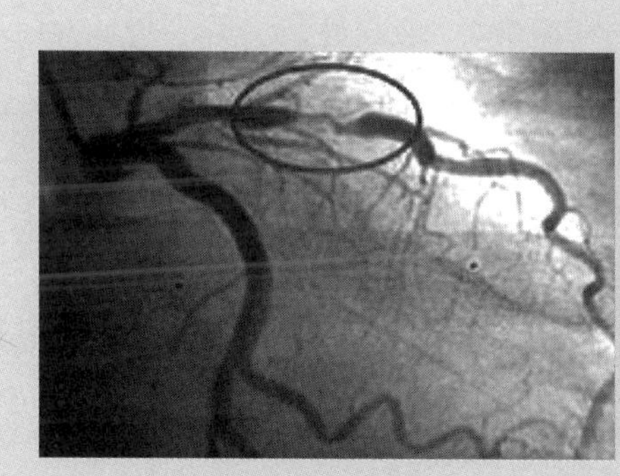
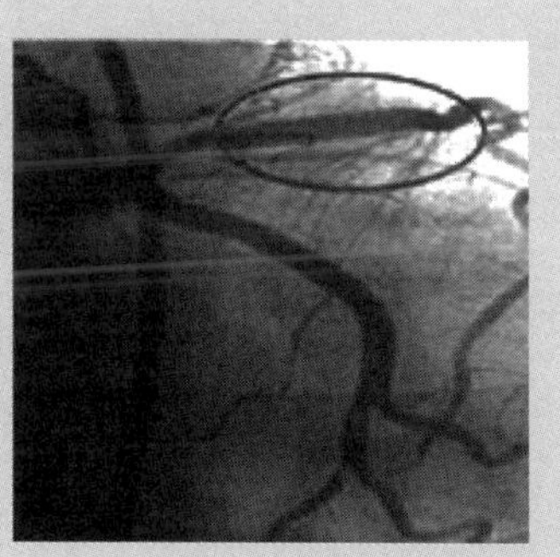

그림 27 혈관조영술로 관찰한 동맥경화로 막힌 혈관(왼쪽 원 부분)과 혈관확장/스텐트 시술 후 열리는 것을 알 수 있다(오른쪽).(자료: 세브란스 병원)

스텐트를 낀 환자는 초기 2주일 동안 피의 응고를 강력하게 막는 약제를 먹어야 하고, 혈관내피층이 재생되기까지 길면 1년 정도 약제들을 복용해야 한다. 이러한 환자들은 매일 소량의 아스피린을 복용하는데, 원래 해열제로 개발된 아스피린은 혈소판의 응집을 방해하여 피가 응고되는 것을 막아 주기 때문이다.

인체는 스텐트를 단순히 박테리아와 같은 외부 침입자로 인식하고 백혈구를 동원하여 파괴하려고 시도하는 염증반응을 일으키며, 경우에 따라서는 이러한 거부반응들이 새로운 동맥경화를 일으키기도 한다.

스텐트의 도입으로 관상동맥확장시술 이후에 재협착이 크게 감소하였지만, 재협착을 완전히 방지하기 위한 연구가 계속 이루어지고 있다. 재협착은 위에서 설명한 대로 풍선확장시술 과정에서 손상된 혈관내피층을 재생하기 위하여 혈관 내벽이 비정상적으로 과도하게 자라나는 것이다. 따라서 혈관 내벽 조직의 성장을 막아 주는 약제, 즉 항암제와 같은 약제를 미량씩 천천히 방출시키는 스텐트가 개발되어 1990년대 중반부터 성공리에 판매되고 있다. 실제 이러한 약물방출 스텐트를 사용하면 재협착이 5% 이하로 감소된다.

그러나 최근에는 이러한 약물들이 혈관 내벽 조직의 성장을 막는 동시에 혈관내피층을 재생하는 것도 지연시키고, 혈관내피층이 완전히 재생되지 않은 부위에서 피떡이 생기므로 오히려 환자에게 더 위험하다는 증거들이 발표되어 충격을 주고 있다. 그림 28은 스텐트를 삽입한 환자의 부검 사진이다. 보통의 스텐트를 삽입한 환자의 혈관 내면은 혈관내피층이 완전하게 재생되었으나, 약물방출 스텐트를 삽입한 환자는 혈관내피층이 완전하게 재생되지 않고 국부적으로 재생되지 않은 부위에서 피떡이 생긴 것을 뚜렷하게 보여 주고 있다.

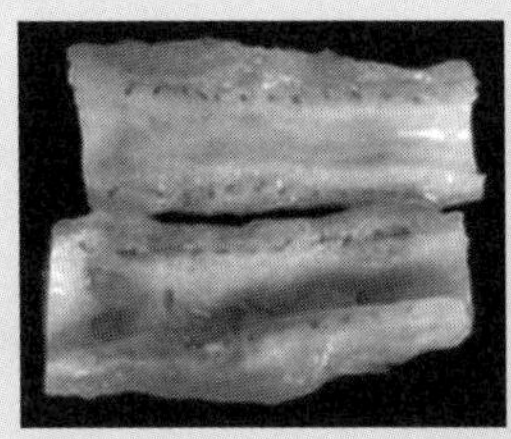
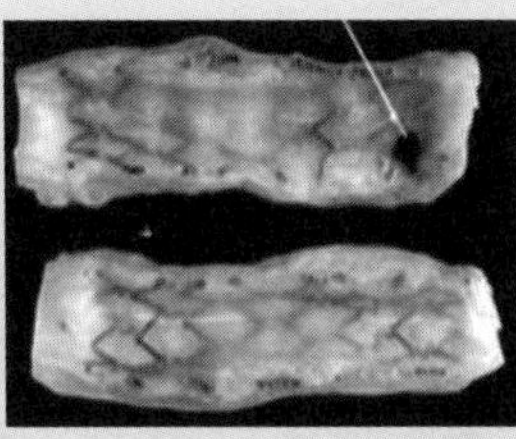

그림 28 스텐트를 삽입한 환자의 관상동맥 내면: 왼쪽은 보통 스텐트(2년 후 내피층이 완전히 재생), 오른쪽은 약물방출 스텐트(1년 반 후 내피층의 재생이 불완전, 화살표는 생성된 피떡을 가리킴) (자료: 전남대학교 의과대학 병원)

한편 재협착을 방지하는 스텐트의 기능은 시술 후 6개월까지만 필요한 것으로 평가되고 있고, 혈관 내벽에 남아 있는 스텐트는 장기적으로 인체의 거부반응을 일으키거나 혈관의 수축/팽창 운동을 변화시키므로 이로운 것이 아니라고 생각하고 있다. 즉 체내에 이식되는 모든 인공재료는 그 기능을 다 한 후에는 인체에 남아 있지 않고 제거되는 것이 이상적이라는 이야기이다.

이러한 관점에서 출발하여 최근에는 금속 대신에 체내에서 분해되는 고분자로 제조한 스텐트가 임상실험에 성공하고 있다. 체내분해성 스텐트의 대표적 재료는 폴리락트산*인데, 이것은 젖산의 고분자로서 체내에서 젖산으로 다시 분해되므로 완전히 무해하며, 강도 유지 기간이 약 6개월로서 적당하고, 완전히 분해되어 없어지기까지는 1년 이상 걸린다. 폴리락트산 스텐트에 재협착을 방지하는 항암제를 조금씩 천천히 방출하는 시스템을 추가한 스텐트가 성공리에 임상실험되고 있다. 폴리락트산 이외에 특수한 조성의 마그네슘 합금으로 제조한 체내분해성 스텐트도 임상실험하고 있다. 원래 마그네슘합금은 가볍고 강하여

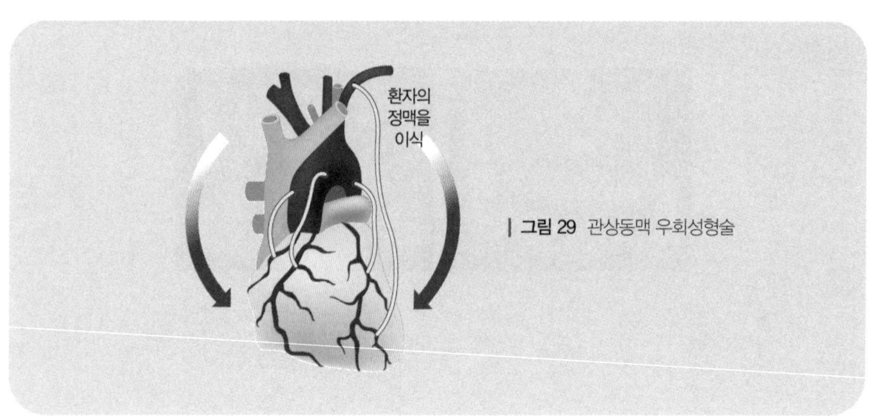

| 그림 29 관상동맥 우회성형술

300℃에서도 운전이 가능한 항공기용 엔진 재료로 개발되었는데, 특수한 조성의 마그네슘합금(WE-43)은 체내에서 분해되므로 최근에 분해성 스텐트로 임상시험하고 있다.

관상동맥이 심하게 막혀서 확장술로 치료하기 어려운 경우에는 관상동맥을 우회하는 혈관을 새로 만들어야 한다(그림 29). 이 관상동맥 우회성형술은 가슴을 열고 심장을 멈추고 하는 큰 수술이기도 하지만, 가장 큰 문제는 앞의 인공혈관에서 이야기한 바와 같이 대신 사용할 구경 3밀리미터 이하의 인공혈관이 없다는 점이다. 따라서 환자의 겨드랑이나 허벅지 부위의 정맥을 떼어내어 사용하고(자가이식재의 경우임), 정맥을 떼어낸 자리는 인체의 재생작용에 의하여 다시 피가 흐르도록 혈관과 비슷한 조직이 재생된다. 그러나 관상동맥 대용으로 사용되는 정맥은 강도와 탄성의 차이가 있고, 인체의 재생 메커니즘에 의하여 연결 부위의 조직이 정상보다 크게 자라서 시일이 오래 지나면 연결 부위에서 문제를 일으킨다. 10여 년 전의 의료통계에 의하면, 시술 후 10년이 지나면 확장된 혈관 및 우회혈관의 약 50%가 다시 막히는 것으로 보고되고 있다. 그러나 최근에는 관련 치료기술의 발달로 이러한 시술을 받은 혈관들도 더 오래 정상적인 기능을 하고 있다.

인공혈액

인체의 피의 양은 약 5리터이며, 이 중 20%까지는 잃어도 생명에는 지장이 없다. 앞에서도 이야기하였듯이 피는 55%가 액체인 혈장이고 여러 가지 단백질과 염 화합물들이 녹아 있다. 단백질 중에서 가장 많은 것은 알부민*, 글로블린*과 파이브리노젠이다. 알부민은 가장 양이 많은데 혈장의 삼투압을 조절하고 독성 물질을 중화하고 운반하며 단백질을 저장한다. 글로블린은 효소의 역할을 하는 종류와 외부에서 들어오는 박테리아와 병원균을 파괴하는 면역 기능을 하는 종류가 있다. 파이브리노젠은 피의 응고를 책임지고 있다. 그리고 45%가 세포들로서 산소를 운반하는 적혈구, 박테리아를 먹어 살균하는 백혈구와 피의 응고를 주도하는 혈소판이 있다.

피의 제일 중요한 기능은 산소를 전달하는 것인데, 적혈구 안에 있는 헤모글로빈* 단백질은 철을 포함하고 있어서 산소 또는 탄산가스와 결합하여 산소를 운반한다. 헤모글로빈은 철을 포함하는 포르피린 구조와 글로빈 단백질로 이루어진 헴(heme)이라는 작은 구조 4개로 구성되어 있고(그림 30), 헤모글로빈 1분자당 산소 4분자가 결합되어 있다. 폐와 같이 산소 농도가 높은 환경에서는 산소가

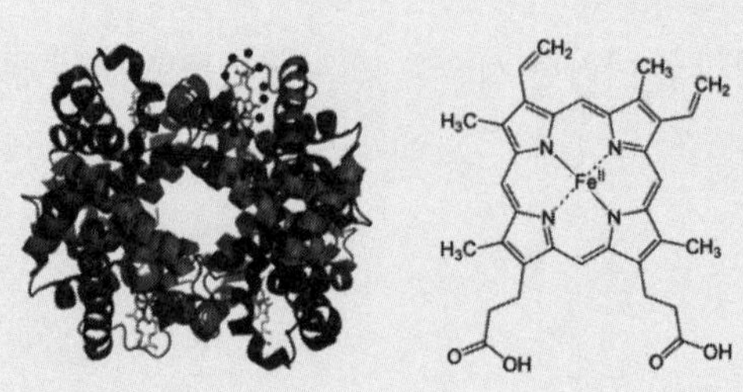

그림 30 왼쪽은 헤모글로빈(4개의 작은 고리로 구성, 점선 원 부분이 포르피린 단위), 오른쪽은 헴의 포르피린 구조

철에 결합되고 인체의 조직과 같이 산소가 적은 부위에서는 산소가 떨어지고 대신에 탄산가스가 결합되는 과정이 반복되면서 산소를 세포에 공급하고 반대로 탄산가스를 모아 운반하는 것이다. 만일 헤모글로빈이 적으면 산소 공급이 줄어들어 빈혈이 나타난다.

또한 헤모글로빈은 산소보다 일산화탄소와 200배 정도 더 잘 결합한다. 따라서 일단 일산화탄소가 결합되면 다시 산소와 결합하지 못하여, 즉 산소를 운반하지 못하여 질식에 이르는 일산화탄소 중독을 일으킨다. 일산화탄소는 공기의 비중과 비슷하고 색이나 냄새가 없어 알아차리기 힘들다. 연탄이나 석탄이 탈 때 초기에 연소가 완전히 되지 않거나 연소 중 산소가 부족하면 일산화탄소가 많이 생긴다. 우리나라는 1980년대까지는 난방으로 연탄을 많이 사용하였고, 낡은 연탄아궁이 구들장 틈 사이로 새어 들어오는 연탄가스에 의한 일산화탄소 중독 사고가 매년 많이 일어났다. 근래에 난방으로 천연가스를 이용하면서 연탄 사용이 줄어들었지만, 아직도 연탄가스 중독사고가 일어나고 있다.

사고나 수술로 몸속의 피가 많이 빠져나가면 이를 보충해야 하는데, 세계 각국은 국민들로부터 헌혈을 받아 보관하고 유통하는 혈액은행을 운영하고 있다. 그러나 피의 보존기간은 약 35일이며, 혈소판제제는 5일에 불과하여 계속 신선한 피로 교환하여야 한다. 피를 알부민, 적혈구 및 혈소판으로 분리하여 수혈하면 효율적으로 사용할 수는 있지만, 여전히 세계 각국에서는 피가 모자란 실정이다. 따라서 오래전부터 인공혈액 또는 대체혈액을 개발하여 왔는데, 아직 기능이 완전하지는 않지만 근래에 몇몇 제품의 임상시험이 이루어지고 있다. 또한 이들 인공혈액은 수혈 이외에도 실험용, 세포배양용이나 센서 개발용 등으로도 쓰이는데, 세계 각국에서 헌혈 받은 피를 의료 목적이 아닌 다른 용도로 사용하는 것이 금지되어 있기 때문이다.

인공혈액은 목적에 따라 크게 혈장 증량제, 산소 전달 용액 및 혈소판 대체물의 3가지로 나눈다. 혈장 증량제는 사고로 갑자기 많은 피를 흘렸을 때 액체 성분을 보충하는 것으로 응급용으로 필요하다. 제2차 세계대전 때 폴리비닐피롤리돈*이라는 물에 녹는 고분자 용액을 사용한 것이 최초이다. 급하면 생리식염수나 링거액을 그대로 주사하기도 하며, 현재는 설탕을 발효하여 생산하는 덱스트란* 유도체와 수산화에틸전분*을 주로 사용하고 있고 알부민 수용액도 사용한다.

산소를 전달하는 기능을 가진 용액은 과불소화탄소 화합물과 헤모글로빈-유래 화합물이 있다. 불소화합물(대한화학회는 불소 대신에 플루오린을 쓰도록 추천하고 있으나, 여기에서는 일반인에게 더 알려진 용어인 불소를 그대로 씀)은 대체로 인체에 무해하고, 산소와 친하여 산소가 많이 녹아 들어가는 특성이 있다. 예를 들면 살아 있는 쥐를

불소화합물 속에 담그면 상당 시간 죽지 않고 버티기도 한다. 제1세대 제품은 과불소화데카하이드로나프탈렌($C_{10}F_{18}$)과 과불소화트라이프로필아민[$(CF_3-CF_2-CF_2)_3N$]을 Pluronic F-68*(에틸렌옥사이드-프로필렌옥사이드로 조성된 비이온성 계면활성제임)로 유화시킨 제품인데, 가슴 통증 등의 부작용이 있었다. 제2세대 제품은 과불소화브롬화옥탄($C_8F_{17}Br$) 또는 과불소화부틸에틸렌($CF_2=CF-CF_2CF_2CF_2CF_3$)의 유화제품인데 부작용이 적고 체외로 쉽게 배출되는 장점이 있으나 피의 응고를 방해하는 단점이 있다.

인체 내에 있는 헤모글로빈 또는 이와 비슷한 물질을 인공혈액으로 사용하는 것은 상대적으로 거부감이 적다. 인체의 헤모글로빈은 4개의 작은 단백질 단위로 구성되어 있는데, 이 작은 단위들을 중합하거나 가교결합하는 (네트처럼 그물망 구조로 결합시킴) 방법으로 구조를 바꾼 제품, 유전자를 조작 재결합하여 미생물로 하여금 생산하게 한 재결합 헤모글로빈, 소의 헤모글로빈을 분리한 제품들을 임상시험하고 있다.

Artificial Organs

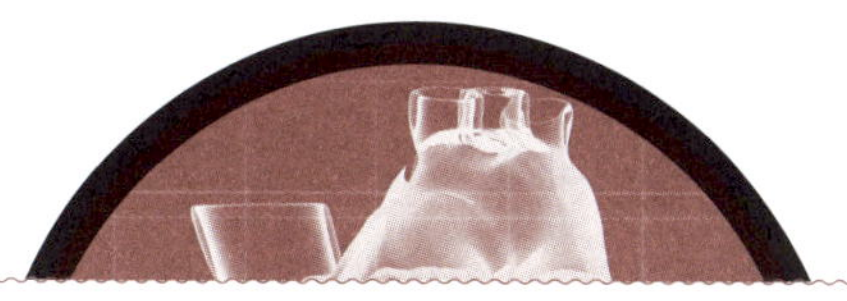

3. 인공신장과 인공심폐기

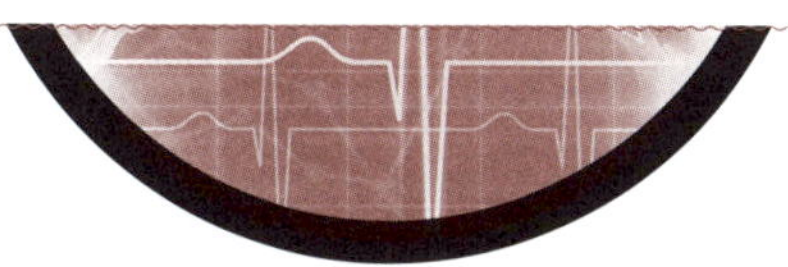

인공신장

신장(콩팥)은 피 속의 요소를 걸러내는 역할을 한다. 따라서 신장이 기능을 잃으면 피 속에 요소가 많이 쌓여서 결국 요독증으로 죽게 된다. 인공신장은 피 속의 요소를 고분자 분리막을 이용하여 제거하는 기구이다. 고분자 분리막이란 두께가 수십~수백 ㎛의 얇은 플라스틱 필름인데 아주 미세한 구멍들을 (pore로 부름) 가지고 있어서 액체는 통과시키고 물질 입자는 통과하지 못하게 하거나 또는 분자 크기에 따라 분리되는 성능을 가진 반(半)투과막이다.

고분자 분리막은 여러 산업 분야에서 많이 사용되고 있으며, 목적과 분리 대상에 따라 미세구멍의 크기가 다르다. 더러운 물에서 몇 백 ㎛ 크기의 고체 입자를 제거하는 정밀여과막, 더 미세하게 몇 십 ㎛ 크기의 세균이나 맥주 발효 효모를 여과하는 한외(限外)여과막, 바닷물에서 소금을 여과하여 순수를 만드는 역삼투막, 용액에 녹아 있는 물질이 (예를 들면 설탕물 안의 설탕) 진한 용액에서 묽은 용액으로 이동하는 투석막, 기체의 크기와 투과 특성의 차이를 이용하여 분리하는 기체분리막들이 사용되고 있다. 분리막은 시트를 화장실 휴지처럼 여러 겹 겹친 형태와 속이 빈 섬유 모양의 중공사형(hollow fiber, 초미니 빨대처럼 속이 빈 아주 가느다란 섬유)이 있는데, 중공사형이 부피가 더 작고 분리 효율이 좋아 넓게 사용되고 있다.

인공신장은 일찍이 1910년대부터 동물실험 기록이 있을 정도로 오래전에 개발되었다. 1943년 네덜란드의 콜프 교수는 셀로판*을 이용하여 최초로 인공신장을 만들어 환자를 치료하는 데 성공하였고, 이것이 진정한 인공장기의 효시이다. 셀로판은 셀룰로즈*를 가성소다로 처리한 후 이황화탄소에 녹인 용액을 (이 용액을 비스코스*로 부름) 다시 필름으로 뽑은 재생 셀룰로즈이다. 비스코스*를 묽은

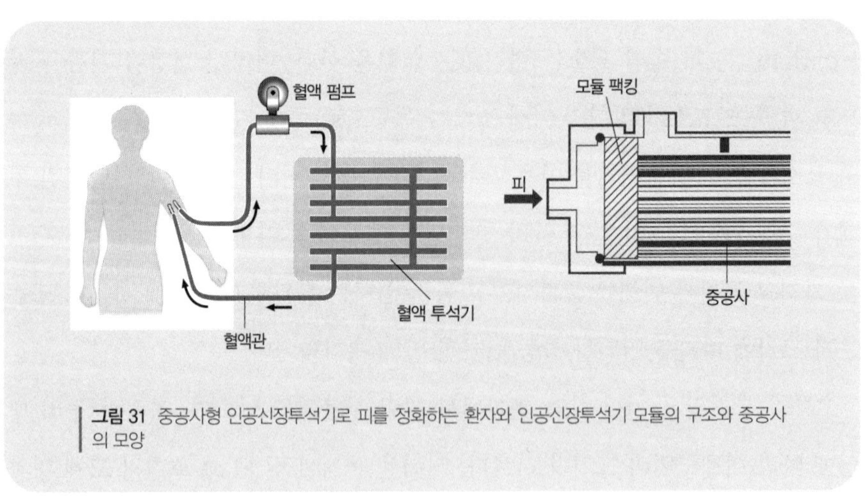

그림 31 중공사형 인공신장투석기로 피를 정화하는 환자와 인공신장투석기 모듈의 구조와 중공사의 모양

황산 용액에 넣으면 다시 굳어지는데 섬유 모양으로 뽑은 것이 레이온*이고, 필름으로 뽑은 제품의 상품명이 셀로판이다. 레이온은 광택이 좋고 질겨서 비단과 비슷하여 인조비단, 줄여서 인견으로 부르는데, 나일론과 같은 합성섬유가 나오기 전인 1940년대까지는 새로운 섬유로써 많은 사랑을 받았고 현재도 많이 쓰인다. 셀로판은 액체는 통과시키고 고체는 걸러내는 반투과성으로 요소가 이동하는 투석막으로 가능하므로 콜프 교수가 인공신장으로 응용한 것이다.

그림 31은 인공신장을 사용하여 피를 정화하는 그림이다. 환자 정맥에서 피를 뽑아내어 펌프로 돌리고 인공신장 모듈을 통과하는 동안에 피 속의 요소가 제거되면 다시 환자에게 넣어 준다. 인공신장 모듈 안에는 안쪽 직경이 0.2 mm에 불과한 가느다란 중공사가 수천 가닥 들어 있다(그림 31의 오른쪽).

인공신장은 혈액투석, 혈액여과, 혈장분리의 세 가지 종류가 있다. 가장 많이

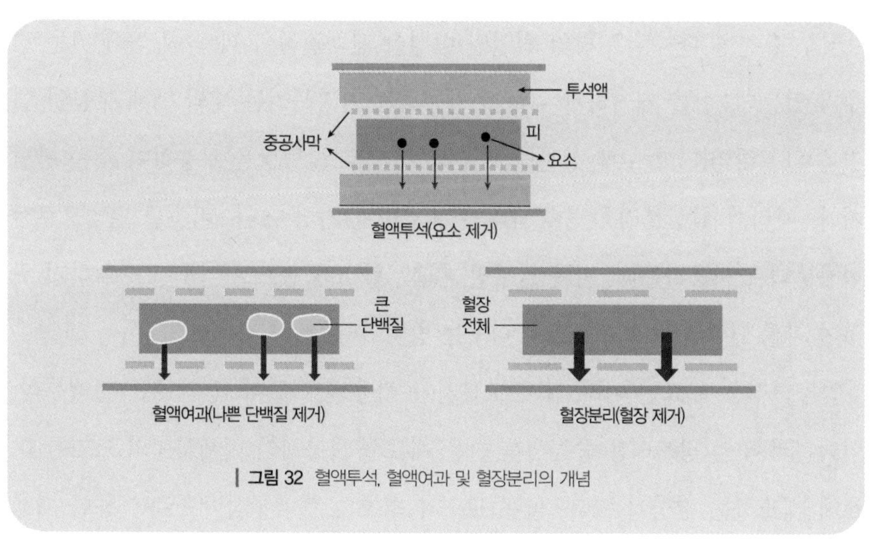

| **그림 32** 혈액투석, 혈액여과 및 혈장분리의 개념

쓰는 것은 혈액투석으로서, 피가 중공사 안을 흐르는 동안 피 속의 요소가 중공사막을 통하여 투석액으로 이동하여 제거된다. 즉 요소가 농도가 높은 피에서 낮은 투석액으로 이동하는데, 이와 같이 물질이 농도의 차이로 이동하는 것을 투석(dialysis)이라고 한다. 혈액투석용 중공사막은 요소를 투과시키지만 미세구멍의 크기가 매우 작아서 현미경으로도 보이지 않을 정도이다.

혈액투석에 의하여 요소는 제거되지만, 크기가 보다 큰 해로운 단백질은 투석용 중공사막의 미세구멍을 통과하지 못하여 제거되지 못하므로 피 안에 계속 쌓여서 해로운 반응을 일으킨다. 크기가 큰 단백질은 그림 32에서 보여 주는 혈액여과로 제거한다. 혈액여과용 중공사 막의 미세구멍의 크기는 수십~200 ㎛ 정도로 커서 보통 분자량 10,000까지의 단백질을 통과시켜 제거하고, 보다 큰 세포들은 걸러지지 않으므로 환자에게 되돌려 넣어 주며, 원칙적으로 투석액은 쓰지 않는다. 이 혈액여과는 혈액투석과 병행하여 1~2달에 1회 치료한다.

일부 유전병 환자들은 병의 원인인 비정상 단백질들이 피 속에 녹아 있는 경우가 있는데, 이를 제거하기 위하여 사용하는 혈장분리는 피의 액체 부분인 혈장을 완전히 버리고 고체 성분만 회수하고, 새로운 혈장을 보충하여 주는 방법이다. 따라서 혈장분리용 중공사의 미세구멍이 가장 크다. 비슷한 방법으로서 혈장분액도 사용하는데, 피를 알부민, 혈장, 혈소판 등으로 나누어 수혈하기 위하여 피를 혈장과 고체 부분으로 나누는 방법이다.

인공신장용 재료는 여러 가지 고분자가 사용되고 있다. 근래에는 혈액투석, 혈액여과 및 혈장분리용 중공사를 같은 재료를 사용하여 미세구멍의 크기를 다르게 제조하는 경향이 크다. 콜프 교수가 최초의 혈액투석막으로 사용한 재생

셀룰로즈인 셀로판은 셀롤로즈를 녹이는 용제인 이황화탄소가 인체에 유독하여 생산시설이 거의 없어진 상태이다. 우리나라에서도 1966년부터 흥한화학섬유사가 이황화탄소를 사용하여 비스코스 레이온과 셀로판을 생산하여 호황을 누렸었고 나일론과 폴리에스터의 등장으로 내리막길을 걷다가 원진레이온으로 바뀐 후에도 계속 운영하였으나 이황화탄소의 공해문제로 1993년 폐업하였다.

현재는 다른 재생 셀룰로즈인 큐프로판*(Cuprophan)이 인공신장용 재료로서 가장 많이 쓰이고 있다. 큐프로판은 셀룰로즈를 구리암모니아 용액에 녹여 습식방사법(wet spinning, 용액으로 만들어 녹지 않는 액체 중으로 방사하여 섬유 상태로 굳히는 방법)으로 중공사로 제조한 것이다. 습식방사로 황산용액 중에서 섬유로 굳히는데, 황산을 회수 재사용하여야 하므로 생산 공정이 커진다.

이후 개발된 것은 셀룰로즈를 화학적으로 변화시킨 삼초산셀룰로즈*로서 용융방사(melt spinning, 열로 녹여서 방사하고 냉각하여 섬유 상태로 굳히는 방법)가 가능하므로 생산공정이 상대적으로 간단하다. 그 외에도 합성섬유의 하나인 폴리아크릴로나이트릴*(아크릴섬유라고 부름), 초산셀룰로즈* 등이 상품화되었고, 근래에는 강도가 우수하여 다른 분리막 재료로도 많이 쓰이는 폴리설폰*도 많이 사용되고 있다.

인공신장 치료는 1~2시간 걸리므로 피가 오래 접촉하는 동안에 당연히 중공사 및 용기 표면에 피가 응고된다. 따라서 모든 환자는 치료 전에 피의 응고를 방지하는 헤파린을 주입 받고, 혈액순환장치 중간에 피떡 여과망을 설치하여 걸러낸다. 앞에서도 소개하였지만, 헤파린은 체내에서 합성되는 다당류로서 피가 응고되는 것을 완전히 막아 주고, 후에 체내에서 분해되므로 후유증이 없다. 그러나 근본적으로 인공신장용 중공사는 피가 많이 응고되지 않는 재료를 사용하여야 하고, 현재 제품화된 재료도 이러한 재료들 중에서 선택된 것들이다. 따라서 피가 전혀 응고되지 않아서 헤파린의 주입이 필요없는 재료가 개발된다면 매우 이상적일 것이다.

그러나 인공신장은 신장병 환자의 피 속에서 요소를 제거하는 것뿐이고 실제로 신장을 치료하여 상태를 개선시키지는 못하므로 실제 환자의 상태는 천천히 더 나빠지는 경우가 대부분이다. 즉 신장병 환자는 인공신장의 도움으로 연명하다가 결국은 건강한 사람으로부터 신장을 이식받아야 완전히 치료될 수 있는 것이 현실이다.

인공심폐기

심장수술 시에는 심장을 멈추고 길게는 5시간 이상까지 수술하므로, 이 동안에 체내로 산소를 공급하여야 한다. 특히 뇌세포는 산소 부족에 가장 약하므로 3~4분 이상 산소가 공급되지 않으면 죽어버리고 다시는 소생하지 않는다. 이러한 경우에 인공심폐기를 사용하여 산소를 공급하면서 피를 순환시킨다.

신체의 호흡 과정은 기관지로 들어간 공기가 폐 속 끝부분에 있는 포도송이 같이 생긴 미세한 주머니(폐포라고 함)의 실핏줄을 통과하는 동안에 산소와 탄산가스의 교환이 일어나는 것이다. 그러나 공기(산소)가 피 속으로 녹아 들어가는 농도는 매우 작아서 공기의 적은 일부만 폐포의 폐정맥으로 녹아 들어가고, 이 중에서도 적은 일부분만이 조직으로 전달된다. 또한 조직 중의 탄산가스의 적은 일부분만이 폐정맥으로 전달되고, 그중에서도 일부분만이 폐에서 치환되어 몸 밖으로 배출된다. 즉 우리가 호흡하는 동안에 산소와 탄산가스의 교환 효율이 매우 낮다. 따라서 매우 큰 기체교환 면적이 필요한데, 실제 인체의 폐포는 3억 개에 달하고 그 표면적은 약 80 m^2에 달한다.

인공심폐기의 개념은 1920년대부터 제안되었으나 1950년대까지 이 거대한 표면적 문제를 해결하지 못하여 개발이 지연되었다. 최초의 성공적인 인공심폐기는 피 속으로 순수한 산소를 버블(bubble)시키는 구조인데, 산소 기포의 크기가 작을수록 표면적은 크게 증가하므로 큰 기체교환면적을 만들어 줌으로써 효율적인 산소 전달에 성공하였다. 그러나 피는 세포와 단백질을 많이 포함하고 있는 끈적하고 예민한 액체이다. 이 버블형 설계는 피를 버블시키는 과정에서 피를 물리적으로 깨뜨릴 수 있고 피떡을 생성하기 쉬우며, 피 속에 기포가 남아 있으면 위험하므로 기포를 다시 제거하는 장치가 필요하다. 버블되는 산소와 달리 버블되지 않는 탄산가스는 피 속으로 효과적으로 이동되지 않는 단점이 있다. 앞에서 소개한 바와 같이 인공신장에 적용된 중공사는 내부 직경이 0.2 mm의 가느다란 섬유로서 그 표면적이 거대하다. 1970년대에 중공사형 인공심폐기가 개발됨으로써 이러한 버블형 인공심폐기의 단점들이 해결되었다.

인공심폐기의 구성과 기능은 인공신장과 비슷하다. 상부로 들어간 피는 우선 열교환장치를 거치는 동안 냉각되는데, 그 이유는 체온을 가능한 한 낮게 떨어뜨려야 인체의 물질대사가 느려지고 필요한 산소의 양이 줄기 때문이다. 냉각된 피는 아래로 내려와서 용기 내부를 통과하는 동안에 중공사 안으로 들어오는 공기가 중공사막을 통하여 피 속으로 들어간다.

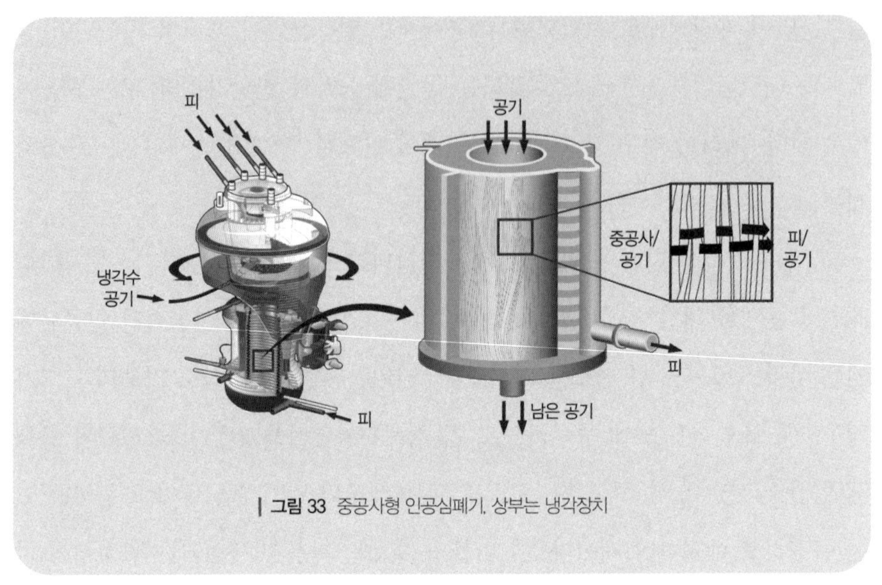

| **그림 33** 중공사형 인공심폐기, 상부는 냉각장치

인공심폐기용 중공사 재료는 초기에는 실리콘 고분자가 사용되었는데, 이것은 실리콘 고분자가 기체를 가장 많이 투과시키는 특성을 이용한 것이다. 실리콘은 앞에서 설명한 대로 열과 화학약품에 잘 견디는 특수 고무로, 특히 인체에 무해하여 코, 귀 등 인공조직으로도 많이 사용된다. 그러나 실리콘은 비교적 값이 비싸고 중공사로 만들기 어렵다. 따라서 초기에는 이 실리콘으로 만든 인공심폐기의 비싼 가격 때문에 그 보급이 지연되기도 하였다. 현재는 보다 쉽게 중공사로 만들 수 있고 값이 싼 폴리프로필렌을 많이 쓰고 있다. 폴리프로필렌은 담배갑을 포장하는 필름을 만드는 일반적인 플라스틱으로서 약 1,500원/kg로 싸지만 중공사로 제조되면 그 가격이 150만 원/kg을 넘어서는 신소재로 변화한다. 근래에는 보다 강도가 뛰어난 특수 플라스틱인 폴리설폰도 많이 사용되고

있다. 인공심폐기의 재료와 표면에서 피가 응고하는 문제와 그 해결 방법은 인공신장의 경우와 똑같아서, 환자에게 적용하기 이전에 헤파린을 주입하고 피떡을 여과하는 장치를 붙여서 사용하고 있다.

Artificial Organs

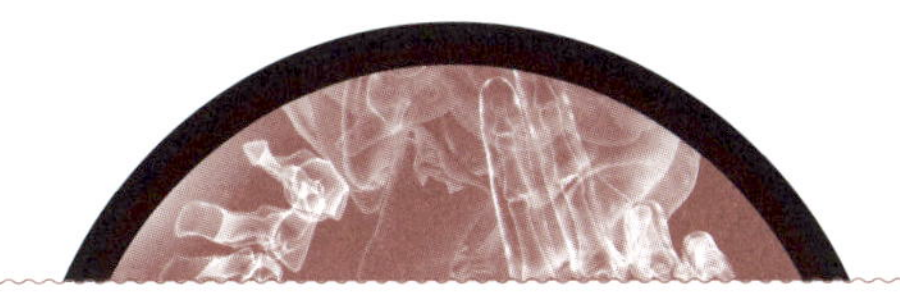

4. 정형외과에서 사용되는 인공장기

인체의 뼈의 특징

인체는 200여 개의 뼈가 있고, 부위에 따라 조성과 강도가 매우 다르다. 뼈는 골모세포가 만든 콜라젠 섬유 다발 사이로 인산칼슘계 세라믹인 수산화아파타이트 입자들이 침전된 일종의 복합재로서, 대표적인 조성은 인산칼슘 69%, 콜라젠 20%, 수분 9%이다. 뼈는 단단한 피질뼈(치밀뼈)와 그물 모양의 다소 약한 해면뼈로 나눈다. 뼈는 부위에 따라 조성이 다르고 방향에 따라서도 강도가 달라서, 재료 개발 관점에서 보면 쉽게 흉내 낼 수 없는 오묘한 재료이다. 뼈는 혈관이 많은 조직이어서 물질대사가 활발하다. 체내에서는 골모세포가 새로운 뼈 조직을 합성하고 파골세포가 오래된 뼈를 분해 제거하여 평형상태를 이루며 계

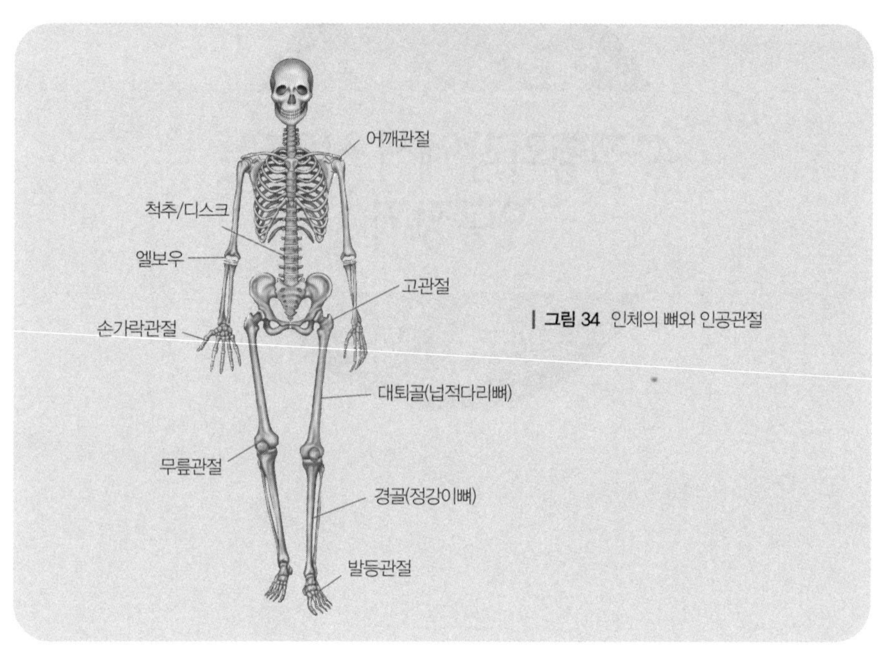

| 그림 34 인체의 뼈와 인공관절

속 새 조직으로 바뀐다.

허벅지뼈(대퇴골) 등 긴 뼈의 중심부는 골수라고 부르며 피가 만들어지는 장소이고, 줄기세포가 많아서 혈액과 여러 가지 성장인자(growth factor)를 생산하여 전신으로 운반한다. 백혈병은 피 속의 백혈구가 비정상적으로 증가하는 혈액암인데, 골수를 이식하는 치료법이 사용되는 이유는 골수가 피를 만드는 기관이기 때문에 타인의 골수를 이식하여 피의 생산을 정상으로 돌리는 치료법이다.

사고나 질병으로 인하여 뼈를 대신하는 인공재료가 필요하지만 뼈의 특수한 구조를 만족스럽게 대체하기에는 아직 미흡하다. 현재 실제 뼈 대신에 사체의 뼈를 많이 사용하고 있다. 또한 이러한 뼈에서 무기물을 제거하고 콜라젠 뼈대만 남긴 탈광물화(demineralized) 뼈도 가루형태로서 사용하는데 뼈를 만드는 성장 인자를 많이 포함하고 있어 뼈나 연골의 재생을 촉진하는 장점이 있다.

인공뼈로는 현재 세라믹 재료를 많이 사용하고 있다. 알루미나 및 지르코니아는 금속 못지않게 강하고 체내에서 전혀 부식되지 않는 장점이 있다. 또한 뼈의 성분과 비슷한 수산화아파타이트와 조성이 약간 다른 바이오글라스 세라믹 등은 뼈세포와 친하여 뼈세포가 이들 재료 위에 잘 부착되어 성장을 잘 하는 재료로 평가되고 있다. 그러나 강도가 상대적으로 떨어져 충격에 깨지기 쉬운 치명적인 단점이 있다.

두개골 같이 상대적으로 강도가 약한 부위의 뼈는 PMMA*(폴리메틸메타크릴레이트) 골시멘트(bone cement)를 같은 모양으로 제조하여 사용하고 있다. 골시멘트는 건축용 시멘트와는 전혀 다르고, 실제로는 PMMA 고분자로서 액체인 MMA(메틸메타크릴레이트) 원료를 중합시키는 약품과 혼합하면 20~30분 이내에 원료가 중합되어 경화되는 시스템이다(부록 2의 그림 6 참조). PMMA는 강도가 뼈와 비슷하고, 틀을 사용하면 여러 가지 형태로 제조할 수 있다. PMMA는 주위에서 쉽게 볼 수 있는 아크릴간판, 자동차 후미등과 경질 콘택트렌즈로 쓰이는 재료로, 이 경우는 석유화학 공장에서 PMMA 시트나 알갱이로 생산된 재료를 간판이나 후미등으로 가공하는 방법이다. 그러나 PMMA 골시멘트는 원료인 MMA를 원하는 모양의 PMMA로 직접 중합시키는 방법이다.

근래에는 스펀지형 폴리에틸렌*(상품명 Medpor)이 강도가 상대적으로 약한 인공두개골 및 인공안와(안구를 안고 있는 뼈조직) 등으로 사용되고 있다. 스펀지형 폴리에틸렌은 쇼핑 백, 필름으로 쓰이는 가장 흔한 고분자인 폴리에틸렌을 미세한 구멍이 많은 스펀지형으로 가공한 것이다. PMMA 골시멘트는 수술 현장에서 MMA 원료를 중합하면서 두개골 모양으로 만들어야 하므로 감염되기 쉽지만, 스펀지형 폴리에틸렌은 두개골 형태로 제조 포장되어 나오므로 쓰기에 편리하고 감염을 줄일 수 있다.

인공고관절

나이가 들면, 특히 여성호르몬이 중지된 여성은 뼈의 밀도가 감소하고 약해지는 골다공증이 많다(그림 35). 가장 문제되는 부위는 골반과 허벅지뼈(대퇴골)를 연결하는 고관절이 약해져서 부러지면 전혀 움직일 수 없으므로 아무리 나이가 많아도 인공고관절을 이식할 수밖에 없다.

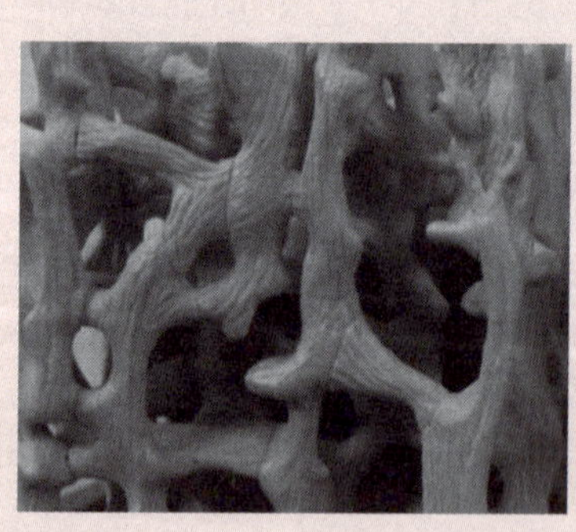

그림 35 정상 뼈조직(왼쪽)과 골다공증의 뼈조직(오른쪽)(자료: 전남대학교 의과대학 병원)

1961년 영국의 촨리(Charnley) 박사가 디자인한 인공고관절은 금속기둥에 대퇴골두를 대신하는 공 모양의 골두 공이 연결된 구조로서 이것을 허벅지 뼈 속에 넣어 고정하고, 골두 공을 받는 컵 모양의 비구를 골반에 붙인다. 금속기둥은 당연히 강도가 크고 부식되지 않는 재료로서, 뼈 속(골수)에 고정시키는 방법은 골시멘트를 사용하는 경우와 사용하지 않는 경우의 두 가지가 있는데, 서로 재료가 다르다.

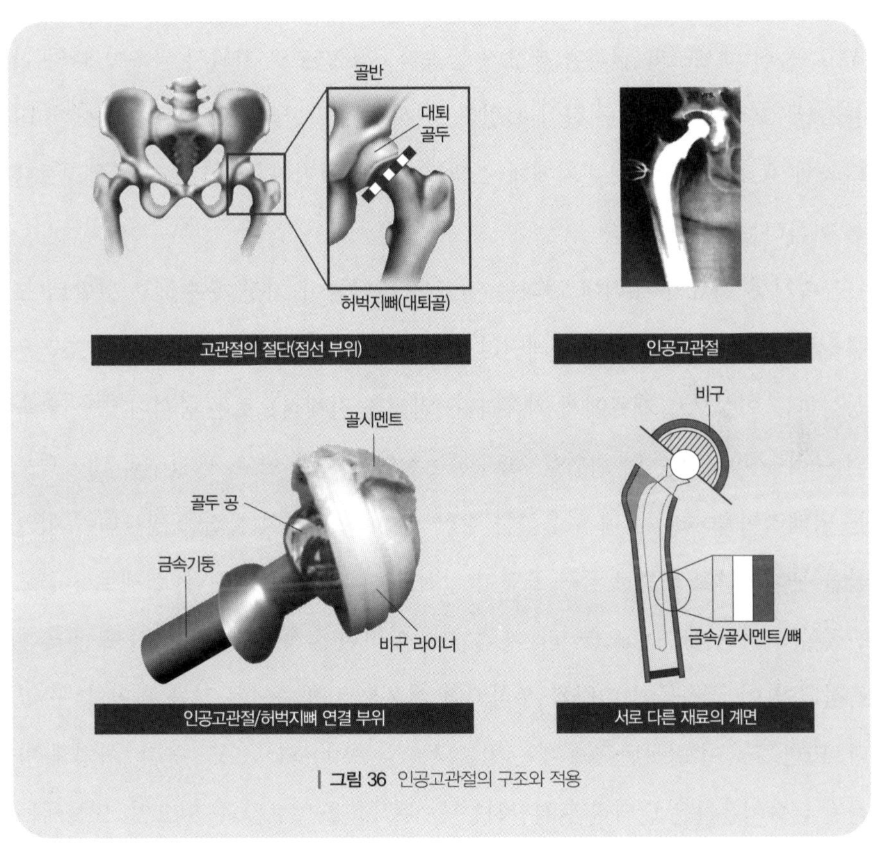

| **그림 36** 인공고관절의 구조와 적용

첫째로 스테인리스 스틸 및 코발트-크롬-몰리브덴 합금을 쓰는 경우에는 골시멘트를 사용한다. 골시멘트는 앞에서 설명한 바와 같이 액체인 MMA 원료를 뼈 속에 주입하면 20~30분 이내에 PMMA 고분자로 중합 경화되므로 금속기둥이 빠르게 고정되는 이점이 있다.

둘째는 티타늄 또는 티타늄-알루미늄-바나듐 합금을 골시멘트 없이 그대로 뼈 속에 삽입하는 것으로, 빠르게 고정되지 않으므로 환자는 2~3주일간 움직이지 말아야 한다. 티타늄계 금속은 가볍고, 다른 합금보다 강도가 상대적으로 약하고, 특히 뼈세포와 친하여 세포가 금속기둥 표면으로 자라서 금속이 뼈와 잘 붙지만, 고정시키는 데 시간이 걸린다. 의사들은 일반적으로 젊은 환자에게 티타늄계 재료를, 나이 든 환자에게 스테인리스 스틸이나 코발트-크롬-몰리브덴을 이식하는 경향이 많다.

금속기둥 재료가 부식에 견디는 정도는 티타늄이 가장 우수하고 코발트-크롬-몰리브덴 합금, 그리고 스테인리스 스틸의 순서이다. 그러나 체내의 조건은 상상하는 이상으로 재료에게 가혹하다. 인체는 전체적으로는 중성이지만, 금속의 부식을 촉진하는 염 화합물(예를 들면 소금)의 농도가 크고, 백혈구와 대식세포는 박테리아를 죽이는 데 사용하는 강한 산성 및 산화성 물질을 방출하여 이식물을 분해하려고 하므로 금속 표면이 실제로 산화되며 부식된다. 실제로 인공고관절을 이식한 환자는 오줌, 피, 체액 중에 이러한 금속이온의 농도가 훨씬 높게 측정되어 이 금속들이 미량씩 부식되어 이온으로 방출되는 것을 확인할 수 있다. 또한 수술이 잘못된 경우에는 방출되는 금속이온의 농도도 높다. 이렇게 방출된 금속이온들은 단백질과 결합하는 등 부작용을 일으킬 수 있으며, 드물게는 니켈에 예민하게 반응하는 환자도 있다.

골반 쪽에는 골두 공을 받는 비구 컵을 골반에 역시 골시멘트와 나사로 고정하여 연결한다. 골두 공은 비구 컵과 장기간 서로 부딪치며 움직여야 하므로 강도가 매우 높고 표면이 닳지 않는 성질의 세라믹이나 코발트-크롬-몰리브덴을 사용하며, 마찰을 줄이기 위하여 표면을 거울같이 완전히 매끈하게 가공하여야 한다. 비구 컵은 골두 공을 받아서 움직이므로 역시 마찰이 적고 표면이 닳지 않는 재료를 라이너(liner)로 사용하는데, 세라믹스, 금속 또는 초고분자량 폴리에틸렌*을 사용한다. 일반적인 필름, 쇼핑 백 재료인 보통의 폴리에틸렌의 분자량은 수만~20만 정도이지만, 이 초고분자량 폴리에틸렌은 분자량이 수백 만으로서 특수한 제조법으로 합성한 것으로, 질기고 마찰이 매우 적어 근래에는 거의 대부분의 비구 컵 라이너가 이 재료로 바뀌었다.

현재 인공고관절 재료의 문제점은 재료의 경계면이 뼈/골시멘트/금속으로서 서로 강도와 탄성이 다른 재료들이 분자 차원에서 서로 결합되지 않았기 때문에 오랜 기간 사용되는 중에 팽창과 수축을 반복하면서 서로 어긋나 헐거워지는 경

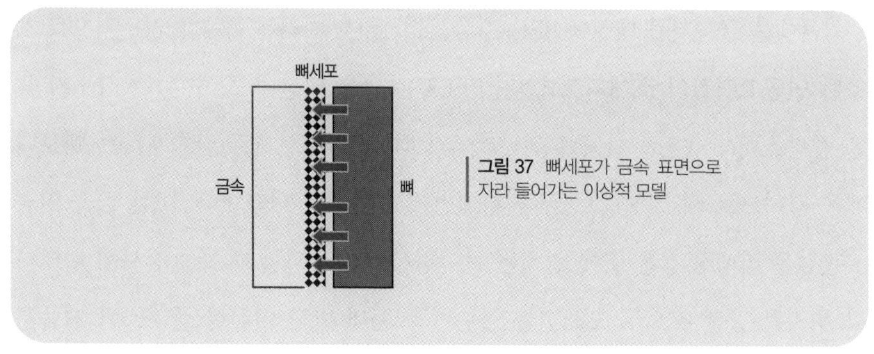

그림 37 뼈세포가 금속 표면으로 자라 들어가는 이상적 모델

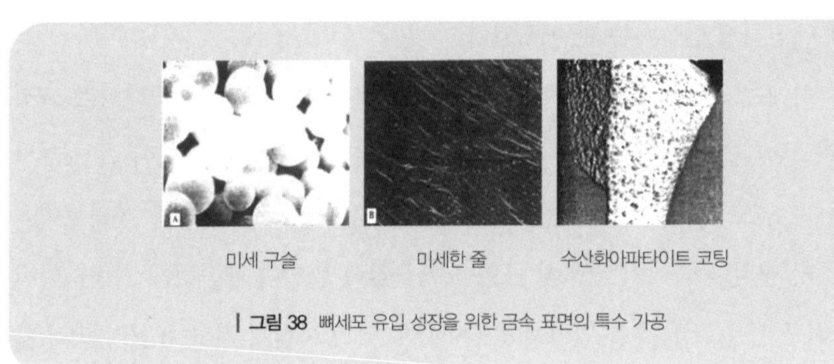

| 그림 38 뼈세포 유입 성장을 위한 금속 표면의 특수 가공

우가 많다. 이상적으로는 그림 37과 같이 뼈세포가 금속기둥 또는 금속기둥/골시멘트 표면으로 자라 들어가서 결합이 강하게 이루어져야 하지만, 실제로는 이들 재료의 뼈세포에 대한 친화성이 높지 않다. 물론 티타늄계 재료는 뼈세포에 대한 친화성이 우월하지만 완전히 이상적은 아니다. 따라서 뼈세포가 자라서 들어오도록 금속 표면에 미세한 구슬 또는 줄을 도입하는 연구가 많이 진행되었다. 그림 38은 금속기둥 표면에 미세한 구슬 모양의 요철을 주거나 미세한 줄들을 가공한 제품들이다. 또한 뼈와 성분이 같은 수산화아파타이트를 금속 표면에 용융 코팅한 제품도 상품화되었다.

최근에는 금속기둥 대신에 PEEK*(polyetheretherketone)라는 특수 플라스틱으로 제조된 인공고관절이 소개되고 있다. PEEK는 금속 대신에 쓸 수 있는 강도가 높은 플라스틱(엔지니어링 플라스틱이라고 부름)의 하나이다. 실제로 금속재료는 뼈보다 매우 강하므로 뼈/골시멘트/금속 경계면에서 단점을 나타낸다. 또한 금속 인공고관절은 비행장 같은 곳에 설치된 보안검사기를 통과할 때 X선 검사에 나타나서 무기를 감춘 것으로 오해받는 불편이 있는데 반해 이러한 플라스틱 제품은

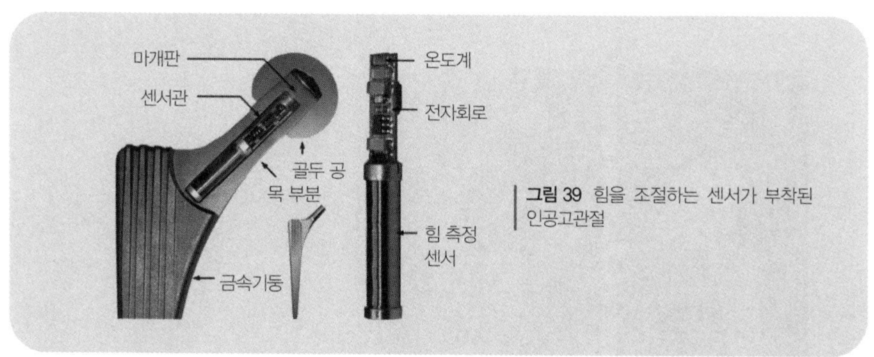

그림 39 힘을 조절하는 센서가 부착된 인공고관절

그런 불편이 없는 장점이 있다.

최근에는 인공고관절에 힘을 측정하는 센서를 부착하여 이식한 사람의 운동에너지를 조절하여 움직임을 도와주는 인공고관절도 개발되었다(그림 39).

인공관절용 재료의 또 한 가지 어려운 점은 골두 공과 이를 받는 비구 컵 라이너 표면들이 서로 마찰하여 닳게 되면서 손상되고 미세한 가루를 만드는 것이다. 비구 컵 라이너로서 초기에는 금속 및 세라믹이 널리 사용되었으나 초고분자량 폴리에틸렌이 부드러우면서도 질기고 마찰이 적은 우월한 재료로 평가되어 모두 폴리에틸렌으로 바뀌었다. 그러나 최근에 초고분자량 폴리에틸렌의 문제점이 발견되어 관련 학계에 충격을 주었다.

인체의 뼈는 원래 골모세포가 뼈를 만들고 파골세포가 오래된 뼈를 분해 제거하는 평형을 이루며 계속 새로운 조직으로 대체되고 있다. 그림 40은 초고분자량 폴리에틸렌 비구 컵 라이너를 이식한 장소의 주위의 뼈 조직이 일부 죽어서 구멍이 난 것을 보여 주고 있다. 원인을 연구한 결과, 마찰로 생긴 초고분자량 폴리에틸렌 가루를 우리 몸이 마치 박테리아처럼 인식하여 백혈구와 대식세포

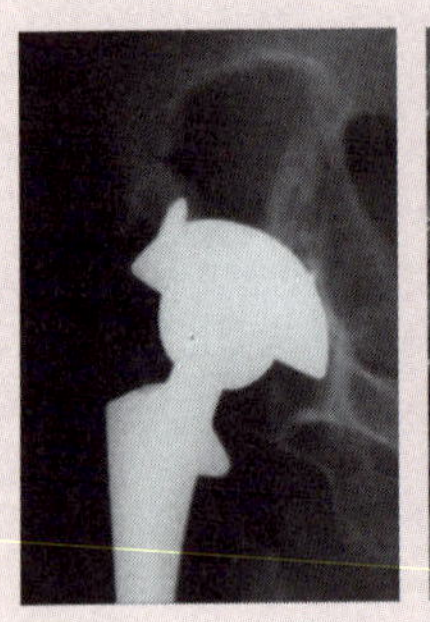
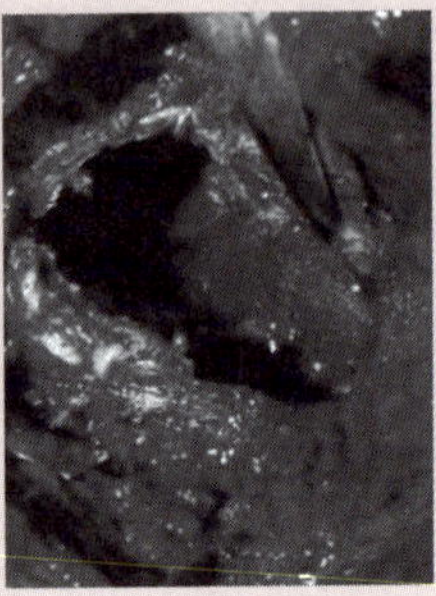

그림 40 초고분자량 폴리에틸렌 비구 컵 라이너의 가루로 인한 주위 뼈 조직의 괴사(자료: 전남대학교 의과대학 병원)

가 활성화되고 이 과정에서 뼈를 파괴하는 파골세포의 활동이 증가되어 주변의 뼈를 파괴하는 것으로 밝혀졌다. 초고분자량 폴리에틸렌의 이러한 문제점으로 비구 컵 라이너의 재료는 다시 예전의 금속 또는 세라믹으로 돌아가고 있다.

인공고관절은 역사도 오래되고 시장도 큰 인공장기이다. 우리나라도 최근에 노인인구가 급증하여 인공고관절을 이식하는 환자가 급격하게 늘고 있다. 인공어깨관절도 모양과 기능이 인공고관절과 매우 비슷하다.

인공무릎관절

연골은 뼈와 뼈 사이에 위치한 물렁뼈 조직으로서 뼈가 움직일 때 마찰을 줄이고 충격을 흡수한다. 연골은 실제로 인체의 여러 부분을 구성하고 있는데, 3종류가 있고 종류와 부위에 따라 콜라젠의 조성과 성질의 차이가 있다. 관절연골과 코, 기관지, 늑골의 연골 부위를 구성하는 초자연골은 혈관이 거의 없고 강도가 크며 주로 II형 콜라젠으로 구성되어 있다. 귀바퀴, 성대튜브 등을 구성하는 탄성연골은 매우 탄력이 크며 부분적으로 혈관이 있다. 인대, 힘줄, 척추 디스크 등을 구성하는 섬유연골도 부위에 따라 혈관이 존재하며 I형 콜라젠을 많이 포함하고 있다.

갓난아기의 뼈는 모두 연골이며, 어린 아이들의 뼈도 부드럽다. 이 때문에 어린 아이들은 어른들이 도저히 할 수 없는 자세들도 쉽게 할 수 있다. 그러나 아이가 자라면서 연골이 보통의 뼈로 변화된다. 즉 뼈의 생성과정은 처음에 연골이 만들어지고 후에 뼈로 바뀌는 과정이다.

특히 무릎관절연골은 하중도 많이 걸리고 운동량도 많다. 그림 41은 무릎관절연골의 구조를 보여 주고 있다. 허벅지뼈(대퇴골)와 정강이뼈(경골) 두 표면에 연골이 있고, 관절액 중에 담겨 있는데 관절액은 하이알유론산*을 포함하고 있어서 끈끈하고 잘 미끄러진다. 하이알유론산은 인체에서 합성되는 친수성 다당류로서 콜라젠과 함께 신체를 구성하는 주요 성분이며, 관절연골의 주요 성분이기도

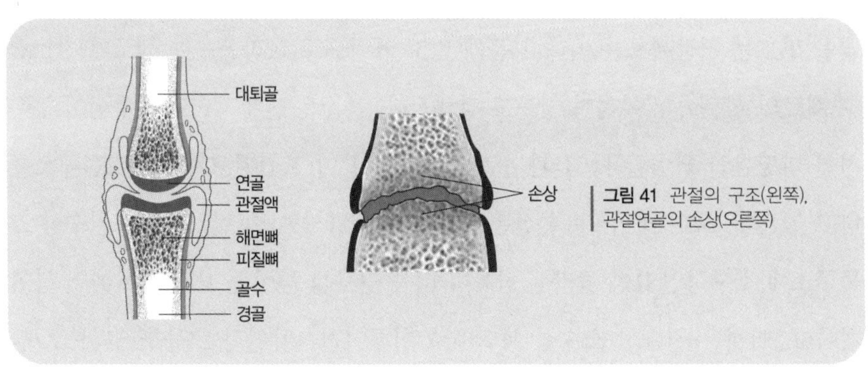

그림 41 관절의 구조(왼쪽), 관절연골의 손상(오른쪽)

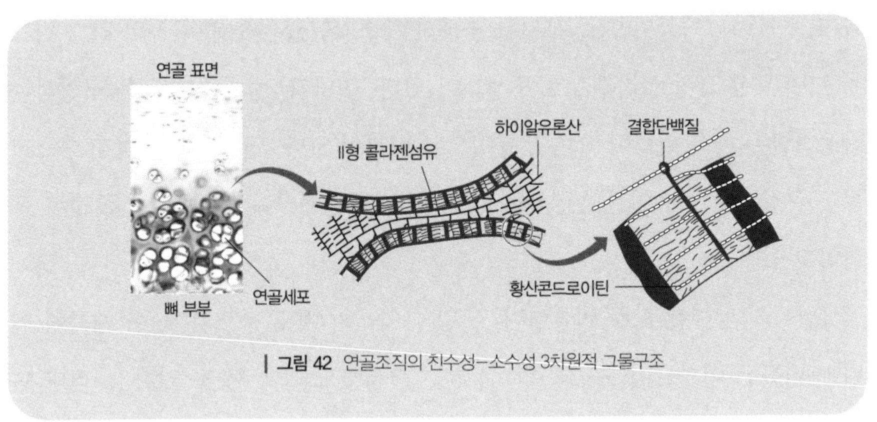

| 그림 42 연골조직의 친수성–소수성 3차원적 그물구조

하다. 하이알유론산은 카르복실기를 많이 포함하고 있어서 친수성이지만 분자량이 100만 이상으로 커서 물에 조금만 녹고 그 수용액은 이 세상에서 가장 끈끈한 (점도가 높다고 표현함) 액체로, 인공수정체를 삽입하는 수술 시에도 주요하게 쓰인다.(6장 참조)

그림 42에 관절연골조직의 자세한 구조를 나타내었는데, 재료학적 관점에서 보면 그 창조적이고 오묘한 구조에 경탄을 금하지 못한다. 우선 연골이 아래 뼈 부분으로부터 자라서 올라오는 데 깊이에 따라 조성과 강도의 차이가 있다. 연골을 만드는 연골세포는 아래 부분에 많고 표면으로 올라올수록 세포가 감소하고 재료의 성분이 많아지며 강도도 강해진다. 연골은 전체적으로 친수성이 높은 천연 다당류인 하이알유론산과 황산콘드로이틴*이 혼합된 3차원적 그물구조를 하고 있는데, 특히 하이알유론산은 분자량이 높아서 아주 질기다. 이 친수성 그물구조에 소수성인 II형 콜라젠 섬유가 더욱 강도를 높이는 보강재로 섞인 복합재이다. 이것은 친수성-소수성 복합재로 이루어진 3차원적 그물구조이므로 질

기고 물기에도 강하고 (늘 관절액에 담겨 있는데도 불구하고) 마찰에도 잘 견뎌 100년 가까이 쓸 수 있는 연골의 재료로 이용되는 것이다. 이러한 연골의 창조적인 구조는 도저히 재료학적 또는 화학적으로 모방할 수 없다.

관절염 환자들은 관절연골이 닳아 없어져서 뼈끼리 직접 부딪치므로 고통이 크다. 근래에는 특히 노화로 인한 퇴행성 관절염 환자가 늘어나고 있다. 관절연골은 연골을 만드는 연골세포의 양이 많지 않고 혈관이 없어서 손상되면 재생이 매우 느려 치료하기가 어렵다.

연골조직은 손상된 원인과 크기와 통증의 정도에 따라 여러 가지 방법으로 치료하고 있다. 근래에는 관절내시경이 발달하여 관절 안의 상처를 직접 관찰하고 치료하는 기술이 많이 발전하였다. 많은 환자들이 우선 통증을 줄이기 위하여 연골주사 또는 뼈주사를 맞는다. 연골주사는 주로 관절액의 주성분인 하이알유론산계 다당류 용액을 주입하는 것으로서 윤활효과로 통증을 감소시키는데, 여기에 사용하는 하이알유론산은 화학적으로 변화시켜 분해를 느리게 만든 제품이지만 역시 효과가 오래 지속되지는 못한다. 또는 염증을 줄이고 통증을 감소시키기 위하여 주로 스테로이드계의 소염진통제를 맞는데 (보통 뼈주사라고 부름) 오랫동안 반복하여 주입하면 부작용이 있다고 알려져 있다.

연골의 손상부위가 1 ㎠ 이하인 경우에는 미세천공술을 쓰며, 연골 밑의 뼈에 미세한 구멍을 뚫으면 뼈 속 골수에서 올라오는 피 속에 포함된 줄기세포와 여러 가지 성장인자들이 연골의 재생을 촉진하는 효과가 있다. 손상 범위가 1~4 ㎠인 경우는 자가골연골이식술로 치료하는데, 이것은 환자의 무릎연골 중 중요하지 않은 부위에서 건강한 연골조직을 떼어내어 손상 부위에 심어 주는 것으로 연골재생술 중 현재 가장 많이 시행되는 방법이다. 손상 부위가 4 ㎠ 이상이면 자가연골세포배양이식술을 시도할 수 있는데, 환자 자신의 연골세포를 채취하여 외부에서 배양함으로써 숫자를 크게 늘린 후 손상된 부위에 다시 주입하여 연골을 재생시켜 주는 치료법이다(9장에서 더 자세히 설명함). 현재 가급적 많은 수의 연골세포를 주입하고 있으나, 실제로 치료에 기여하는 세포의 숫자가 어느 정도인지 평가하기 어렵고, 따라서 효과도 일정하지 않다. 또한 연골세포는 배양 조건이 까다롭다. 즉 배양접시에서 평면으로 키우면 세포의 성질이 섬유아세포와 비슷하게 변하고, 하이드로젤*(물을 많이 포함하여 묵 같은 상태를 이루는 고분자) 내부에서 배양하여야만 연골세포의 고유한 특성을 유지할 수 있다.

위의 여러 가지 치료법에도 불구하고, 사고 또는 관절염으로 연골이 크게 없어진 환자는 인공무릎관절을 이식받을 수밖에 없다(그림 43). 재료는 인공고관절과 마찬가지로 티타늄 합금과 완충재로서 초고분자량 폴리에틸렌이 사용되고 있다. 그러나 무릎관절 부위는 고관절 부위보다 환자에 따라 구조의 차이가 크

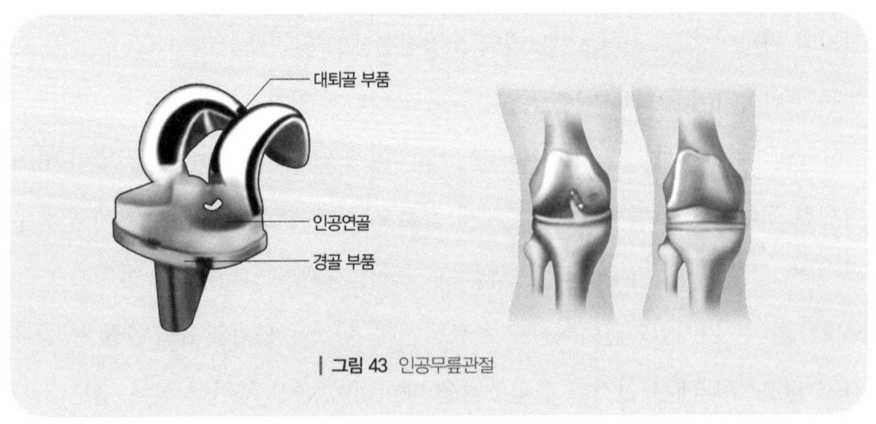

| 그림 43 인공무릎관절

므로 인공무릎관절에 대한 환자의 만족도도 다양하다.

무릎연골판은 섬유연골로서 반달 모양의 반월판이 내부와 외부에 있고 인대가 옆을 지나간다(그림 44). 연골반월판도 매우 질기고 탄성이 우수하지만, 격렬한 운동으로 찢어지는 경우가 많다. 연골반월판의 안쪽 부분은 혈관이 거의 없는 조직이고, 손상된 부위는 실질적으로 거의 재생되지 않는다. 대부분의 경우에 찢어진 부위의 파편을 제거하거나 갈라진 끝부분을 가다듬어 염증반응을 감소시키는 치료를 하는 정도이다. 연골반월판의 바깥쪽 부분은 혈관이 있고 재생되는 기회가 좀 더 많다. 현재 연골반월판을 대신할 만한 인공재료는 별로 없고,

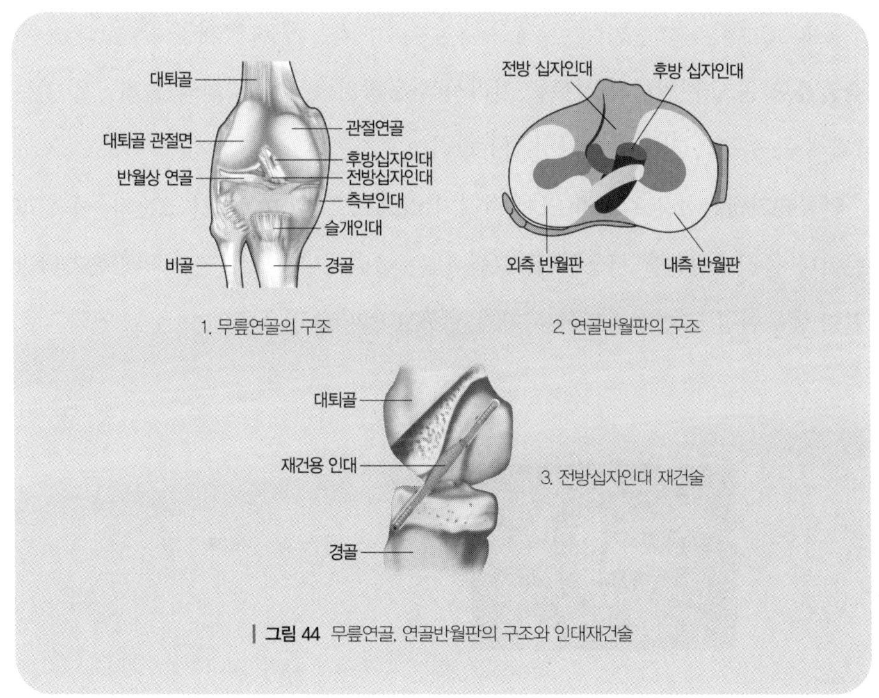

그림 44 무릎연골, 연골반월판의 구조와 인대재건술

사체의 조직을 사용하는 경우가 많다.

연골반월판과 함께 전방십자인대는 무릎에서 가장 흔히 손상되는 인대이다(그림 44 참조). 특히 운동선수들에게 흔히 일어나는 부상으로서, 50% 정도는 관절연골이나 연골반월판과 같이 손상된다. 인대가 부분적으로 파열된 경우에는 보존적 치료와 함께 물리치료와 재활치료로서 대체로 회복되는 편이다. 심하게 파열된 경우에는 봉합보다는 재건수술을 하고 있다. 인대의 재건수술은 다른 인대를 경골과 대퇴골을 관통하는 터널 속으로 관통시켜 고정하는 수술로서 성공률이 90%를 넘는다. 다른 인대는 환자의 다른 부위 중에서 중요하지 않은 인대나 힘줄을 떼어서 사용한다(인대와 힘줄은 강한 줄 모양의 비슷한 조직이지만, 인대는 뼈와 뼈를 연결하는 조직이고, 힘줄은 뼈와 근육 또는 근육과 근육을 잇는 조직이다.). 주로 슬개골(무릎을 덮은 뼈)과 경골을 잇는 슬개인대의 일부를 잘라서 사용하거나, 넙적다리와 슬개골을 잇는 4갈래 근 힘줄의 일부를 잘라서 사용한다.

인공손가락관절은 강도가 크게 걸리지 않으므로 금속이 아닌 고분자, 즉 실리콘이나 폴리에틸렌을 사용한다. 그림 45는 폴리에틸렌으로 만든 인공손가락관절이 동물실험 도중에 강도를 이기지 못하고 절단된 경우를 보여 주고 있다.

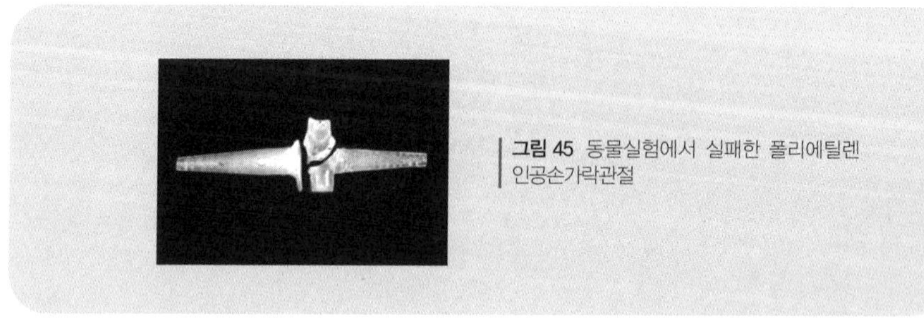

그림 45 동물실험에서 실패한 폴리에틸렌 인공손가락관절

인공디스크

인간은 지구 상에서 유일하게 곧게 서서 걷는 동물로, 체중의 하중이 주로 척추에 걸린다. 정상적인 경우에도 체중의 50% 이상이 척추에 걸리며, 격렬한 운동을 하는 경우에는 순간적인 하중이 훨씬 더 높다. 그림 46의 왼쪽은 척추의 구조를 나타내고 있다. 척추는 척추뼈 마디들이 연결된 구조이고, 척추뼈들 사이에 얇은 연골조직인 디스크(추간판)가 있어서 척추뼈가 쉽게 움직일 수 있고 충격을 감소시킨다. 디스크의 중심에는 젤리 형태의 수핵이 있고 그 주위를 단단한 섬유조직인 섬유테가 둘러싸고 있다. 척추뼈의 한편은 뇌에서 나온 척수신경이 지나가는 통로인 척추관이 있고, 척추뼈 사이로 척추신경근이 지나간다(그림 46의 오른쪽). 이 디스크수핵은 어렸을 때는 젤리같이 말랑말랑하고 탄성이 좋지만 나이가 들면서 탄력을 잃어버리고 노인이 되면 심한 경우 푸석거리는 정도로 퇴화된다.

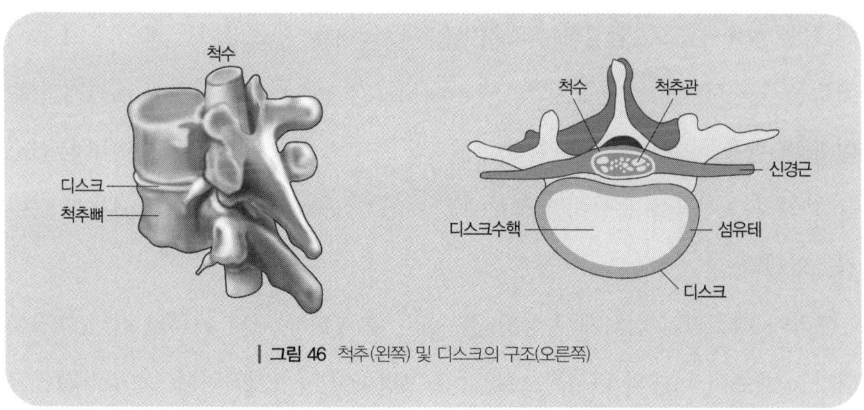

그림 46 척추(왼쪽) 및 디스크의 구조(오른쪽)

요즈음 허리가 아픈 사람들이 주위에 너무나 많다. 원인도 여러 가지이고, 원인을 정확히 모르는 경우도 많다. 척추에서 가장 많은 병은 사고나 너무 무거운 짐을 갑자기 들거나 또는 노화로 인하여 디스크수핵이 옆으로 빠져나와 신경을 눌러서 아픈 병이다. 우리가 흔히 '디스크'라고 부르는 질병으로, 심하면 다리가 마비되기도 한다. 즉 척추뼈 사이의 연골을 가리키는 디스크가 병명으로 불리고 있다. 정상적인 조건에서도 디스크수핵이 때때로 조금씩 밀려나오는 경우가 있는데, 심하지 않으면 휴식 또는 가벼운 운동으로 정상으로 돌아오는 경우가 많으므로, 수술하기 전에 신중하게 기다리면서 물리치료나 목욕 등의 방법으로 회복되도록 시도할 필요가 있다. 그러나 정도가 심하고 원 위치로 돌아가지 않으면 결국 본격적인 치료를 받아야 한다. 또한 디스크 환자의 대부분, 특히 노인들은 디스크수핵이 빠져나오면서 동시에 척추관이 좁아지는 척추관협착증 증상을 나타낸다.

근래에는 치료기술이 발달하여 디스크 질환 증상이 심하지 않으면 처음에는 간단한 시술들을 시도하고 있다. 즉 국부마취 하에서 내시경을 사용하여 가느다란 관을 척추 안으로 삽입하여 빠져나온 디스크수핵에 초음파를 쪼여 주어 열로 조직을 수축시켜 통증을 없애거나 (고주파 디스크수핵 감압술), 내시경과 레이저가 같이 달린 관을 척추 안으로 삽입하여 돌출된 수핵을 축소시키거나 붙어버린 신경을 분리하는 시술을 동시에 시행하여 (경막외 내시경 레이저시술) 환자의 고통이 많이 감소되었다.

그러나 디스크가 심하게 손상된 경우에는 손상된 부위의 아래와 위 디스크를 티타늄 재료의 막대와 나사못으로 같이 고정하여 유합시키거나(그림 48), 디스크를 제거하고 대신에 인공디스크를 이식하는 큰 수술을 할 수밖에 없다. 인공디스크는 그림 47과 같이 디자인이 다양하고, 재료로는 인공고관절의 경우와 비슷하게 티타늄-초고분자량 폴리에틸렌의 조합 또는 고강도 플라스틱인 PEEK를 사용한다.

금속 재료의 인공디스크가 척추뼈보다 너무 강하여 접촉 시에 척추뼈에 손상을 주기도 하는 단점이 있는데 반하여, PEEK와 같은 플라스틱의 강도는 뼈의 강도와 비슷하므로 이러한 문제가 없는 이점이 있다. 따라서 최근에는 티타늄 금속제품보다 PEEK 고분자제품을 더 많이 사용하고 있다. 특히 하중이 적은 목

| **그림 47** 여러 가지 인공디스크들(자료: 세브란스 병원)

부위의 척추(경추로 부름)에는 초고분자량 폴리에틸렌이 부착된 티타늄을 상당히 많이 사용하지만, 하중이 큰 허리 부위의 척추(요추라고 부름)에는 강하면서도 척추 뼈에 손상이 적은 PEEK 제품을 주로 사용한다.

인공디스크를 삽입하고 그 부위가 제대로 회복되기까지 약 1년이 걸리므로, 삽입된 디스크의 아래와 위 마디를 티타늄 재질의 막대와 나사못이 연결된 고정 장치로 고정한다. 그러나 티타늄 나사못이 시간이 지나면서 하중으로 인한 피로로 부러지기도 하는데, 이를 막기 위하여 추가로 척추체 사이에 뼈 조각을 놓고 연결한다(bone-graft법). 뼈 조각은 수술할 때 생기는 뼈 조각이나 모자라면 골반뼈를 일부 떼어내거나 또는 사체의 뼈 조각을 사용하기도 하는데, 뼈 조각들은 이식된 후에 활성화되면서 스스로 자기끼리 유합된다. 이러한 수술을 후측방유합술이라고 한다(그림 48).

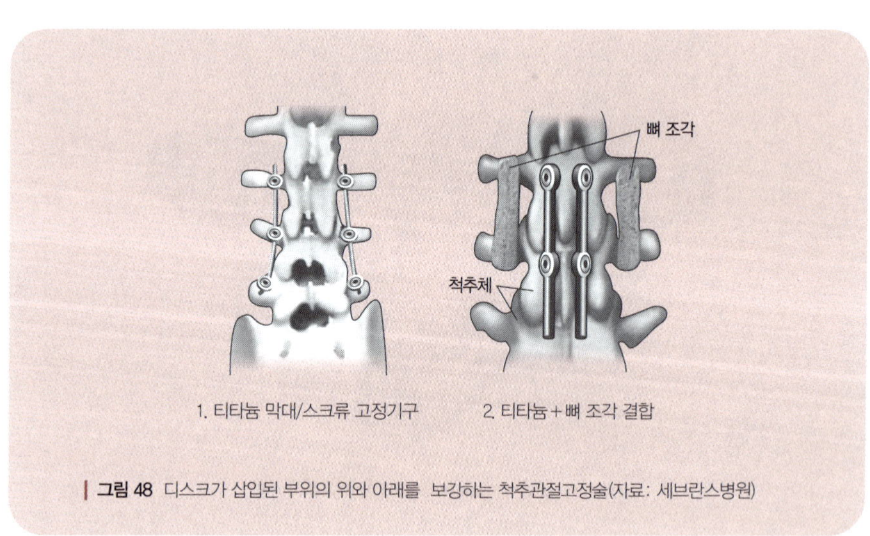

| 그림 48 디스크가 삽입된 부위의 위와 아래를 보강하는 척추관절고정술(자료: 세브란스병원)

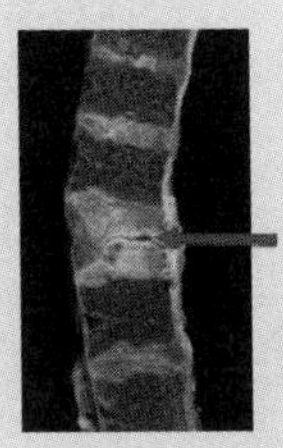
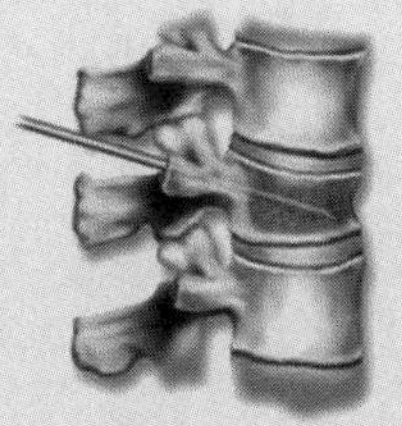
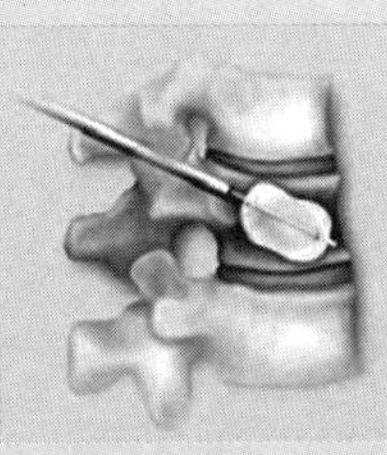

그림 49 척추압박골절(왼쪽 화살표 부위), 골 시멘트의 주입 보강(중간), 풍선을 삽입하여 많이 굽은 부위를 폄(오른쪽)(자료: 세브란스병원)

척추 계통의 또 하나의 흔한 질병은 질병이나 특히 노화로 인한 골다공증으로 척추뼈가 약해져서 주저앉은 척추압박골절이다(그림 49). 이러한 환자는 등이 구부러지고 신경을 눌러서 아프게 된다. 이를 치료하는 방법은 주저앉은 장소에 PMMA 골시멘트를 주입하여 굳힘으로써 강도를 보강하는 것이다. PMMA 골시멘트는 인공고관절을 허벅지뼈 속에 고정시킬 때 사용하는 것으로, 액체 상태의 원료 MMA를 척추뼈 속으로 주입하여 PMMA로 중합시켜 굳히는 것이다. 압박골절이 심하여 그 부위가 많이 구부러진 경우에는 풍선을 삽입하여 조금 펴고 나서 PMMA를 주입한다.

근래에 우리나라는 특히 노인 인구가 급증하여 이러한 척추질환 환자가 급격히 늘어나고 있다.

Artificial Organs

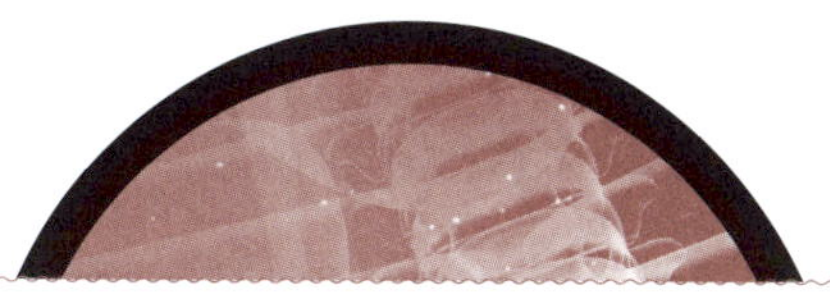

5. 복합재로 만든 인공팔과 인공다리

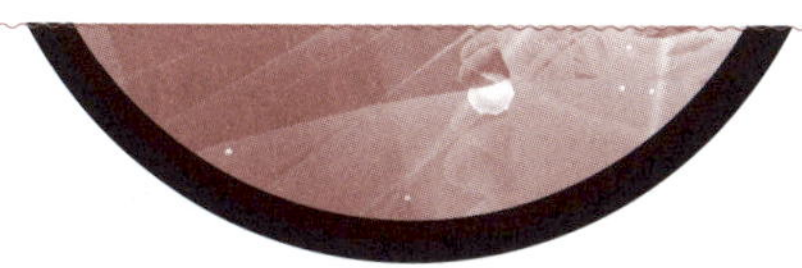

전쟁이나 사고로 팔다리를 잃은 환자는 일생 동안 육체적 · 정신적 고통에 빠져 사회에 적응하지 못하는 경우가 많다. 특히 근래에 아프가니스탄 등의 중동과 아프리카의 전쟁 지역에서 많은 군인들이 지뢰나 폭발물에 의하여 팔다리의 밑부분을 잃어버린 경우가 많아 이 환자들의 재활에 많은 노력이 이루어지고 있다. 이러한 잃어버린 팔다리를 대신하는 인공다리(의족)와 인공팔(의수)을 통틀어 보철기구라고 한다.

보철기구의 역사는 고대에 시작되었으며, 근대에 들어서 가벼운 재료가 발명되고 전자산업과 기계공학의 발전으로 로보트공학과 의료공학이 융합되어 발전하면서 보철기구의 혁명을 가져오고 있다.

오래전에는 보철기구의 재료로서 스테인리스 스틸을 주로 사용하였는데, 비중이 8.8로 무거워 점차 비중이 적은 티타늄(비중 4.5), 알루미늄(비중 2.7)으로 그 재료가 바뀌었다. 특히 근래에는 금속보다 강하지만 아주 가벼운 탄소섬유* 복합재를 많이 사용하고 있으며, 이 재료의 비중은 불과 1.6을 넘지 않는다. 복합재란 플라스틱에 유리섬유*, 탄소섬유 또는 광물가루 등을 혼합하여 강도를 크게 증가시킨 것이다. FRP(fiber reinforced plastics, 섬유강화 플라스틱)는 복합재의 한 종류로서 플라스틱을 섬유로 보강한 재료로, 물론 탄소섬유 복합재도 포함하지만, 일반적으로 플라스틱을 유리섬유로 보강한 재료를 가리킨다. 이것은 가벼우면서도 강하고 대형 구조물을 만들 수 있어 물탱크, 화학약품 탱크, 요트, 건축물의 재료로도 사용되고 있다.

유리섬유보다 강한 탄소섬유는 폴리아크릴로나이트릴* 합성섬유 또는 석유 정제 찌꺼기인 피치를 섬유모양으로 뽑고 3,000℃까지 단계적으로 올리면서 산화시키고 열처리하여 제조한다. 탄소섬유의 비중은 1.8로서 스테인리스 스틸의 8.8, 비행기를 제조하는 합금인 듀랄루민의 2.8, 유리섬유의 2.6보다 훨씬 가볍다. 그러나 인장강도(잡아당겨서 끊어지는 강도)는 탄소섬유가 4.9 GPa로서 스테인리스 스틸의 0.5 GPa, 듀랄루민 0.4 GPa, 유리섬유 3.4 GPa보다 훨씬 더 강하다. 더욱이 같은 무게로 따진다면 탄소섬유의 인장강도는 스테인리스 스틸의 40배, 듀랄루민의 16배, 유리섬유의 2배이다. 따라서 탄소섬유를 강도가 큰 플라스틱 종류인 에폭시수지*와 섞어서 만든 복합재는 철보다 훨씬 강하면서도 가벼워 낚싯대, 골프채, 정구 라켓, 그리고 특히 비행기 재료로 넓게 사용되고 있다. 절대적으로 가벼워야 되는 군용기는 물론이고, 최신 여객기인 보잉 B787과 에어버스 A380은 총 중량의 50% 이상이 이러한 탄소섬유 복합재로 제조되어 연료가

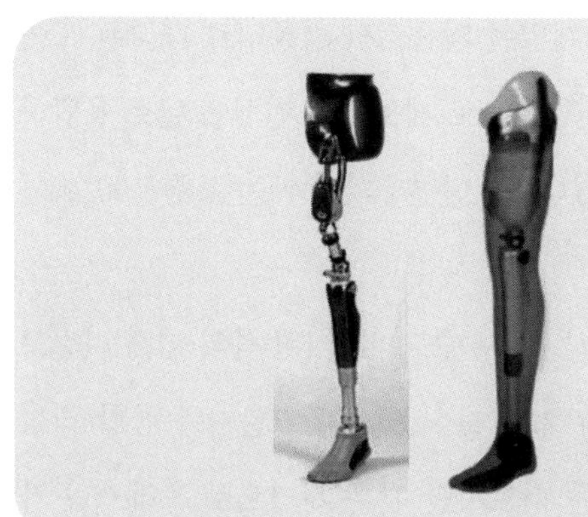

그림 50 가볍고 강하고 운동에너지를 조절하는 인공다리들

크게 절약되고 있다.

또 이러한 복합재로 제조된 의족은 가볍고 강하여 환자의 불편을 크게 감소시켰다. 최근에는 힘을 감지하는 센서를 부착하여 운동에너지를 조절할 수 있는 의족이 개발되었다. 이러한 의족을 단 농구선수가 코트를 누비고 육상선수가 달리기 시합을 하는 사진을 여러분도 본 경험이 있을 것이다. 더욱이 실리콘 등의 고무 제조기술의 발전으로 이러한 의족들의 외관도 인체와 비슷하게 제조되어 환자의 심리적 갈등을 감소시키는 데도 기여하고 있다.

최근에는 인공팔도 전자공학, 로보트공학과 의료공학의 융합으로 인체의 기능에 가깝게 개발되고 있다. 손가락을 움직이는 줄을 남은 팔 부위에 연결하여 손을 펴고 닫는 의수가 개발되었고, 나아가 근육의 움직임을 감지하는 센서를 장착하여 전기모터로 움직이는 제품도 개발되었다. 최근에는 센서를 인체의 팔 근육 안에 이식하여 인체의 기능에 가까운 역할을 하는 제품까지 있다.

최근에는 3차원 인쇄기술을 적용하여 환자의 모양에 딱 맞는 제품도 제공되기 시작하였다. 3차원 인쇄는 1984년부터 개발된 기술로서 컴퓨터로 제작된 도면에 따라 액체나 가루 물질을 연속적인 단면층으로 제조하여 전체 모델로 융합하는 기술로서 빠르게 모형을 제조할 수 있다. 한 단면층의 두께는 보통 100 ㎛이고 얇게는 20 ㎛까지도 가능하다.

그림 51은 대표적인 3차원 인쇄기술들을 보여 주고 있다. 위 쪽의 입체 리소그래피(lithography)는 레이저가 광경화성(빛에 의하여 중합 고화되는) 고분자를 중합 경화하여 한 층씩 쌓아가는 방법이다. 기계는 다르지만 같은 개념으로 플라스틱 가루나 금속 가루를 레이저로 녹여서 굳혀가며 한 층씩 쌓아 올리는 방법도 있다. 아래의 용융적층(melting deposition) 모델링법은 실 형태의 플라스틱을 노즐로 녹이면서 분사한 후 냉각 경화시키며 한 층씩 쌓아 올라가는 방법이다.

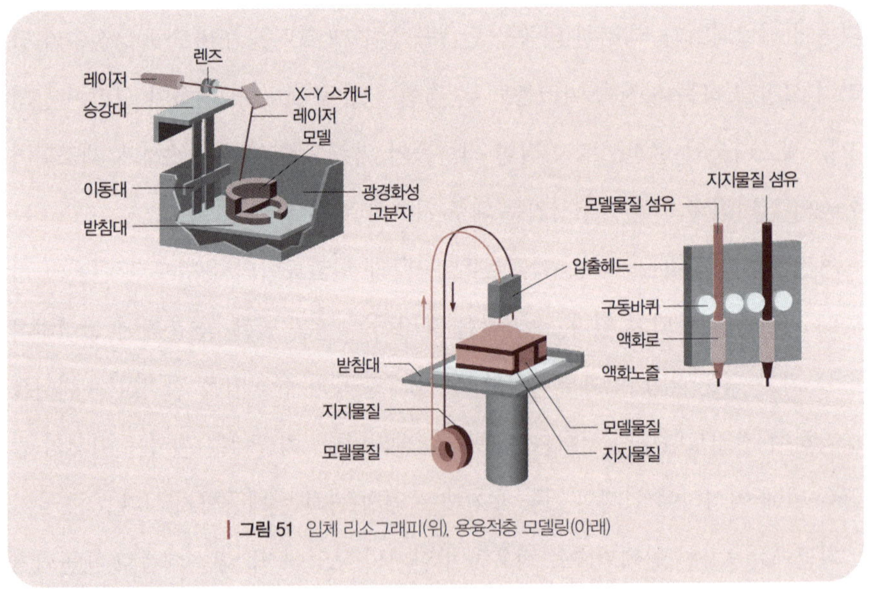

| **그림 51** 입체 리소그래피(위), 용융적층 모델링(아래)

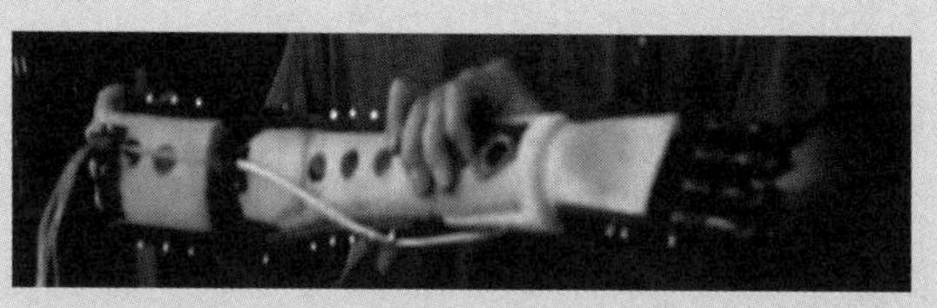

| **그림 52** 3차원 인쇄술로 제작한 환자맞춤 인공팔(자료: Not Impossible 사)

이 3차원 인쇄기술은 당초에 자동차나 기계의 모형을 빠르게 제작하는 방법으로 발명되었으나, 최근에는 그 응용분야가 다른 분야로 빠르게 확산되고 있다. 예를 들면 조직공학에 사용하는 세포배양용 지지체의 형태와 미세구멍의 크기를 컴퓨터로 설계하여 3차원 인쇄로 제작하는 방법이다(9장 참조).

최근에는 환자의 남아 있는 팔 부위의 모양을 컴퓨터로 3차원 스캔하여 도면을 얻고, 이에 맞추어 컴퓨터로 의수를 디자인한 후 그 모델을 3차원 인쇄술로 한 층씩 제조하여 융합하여 제조함으로써 환자 부위에 꼭 맞는 의수를 제공하고 있다.

Artificial Organs

6. 눈에 사용되는 인공장기

복잡한 구조의 눈

인체는 고도로 발달된 기관으로, 내부를 들여다볼수록 매우 정교하게 작동하는 것에 놀라움을 금치 못한다. 게다가 인체의 기관은 100여 년 동안 그 기능을 유지할 수 있다. 눈은 그중에서도 가장 정밀한 기관이다. 눈은 눈꺼풀에 의하여 보호되고 있고, 눈의 중심부인 눈동자(동공)를 덮고 있는 각막은 눈동자의 외곽부인 결막과 연결되어 눈꺼풀의 안쪽과 연결된다.

각막은 두께 0.2 mm의 얇고 투명한 막으로서, 함수율이 78%이고, 전체적으로 5층으로 이루어져 있다. 외부에 노출되고 눈물로 덮여 있는 각막상피층은 5~6줄의 세포층으로 되어 있고, 각막의 대부분인 중간 각막실질층은 1 ㎛ 넓이

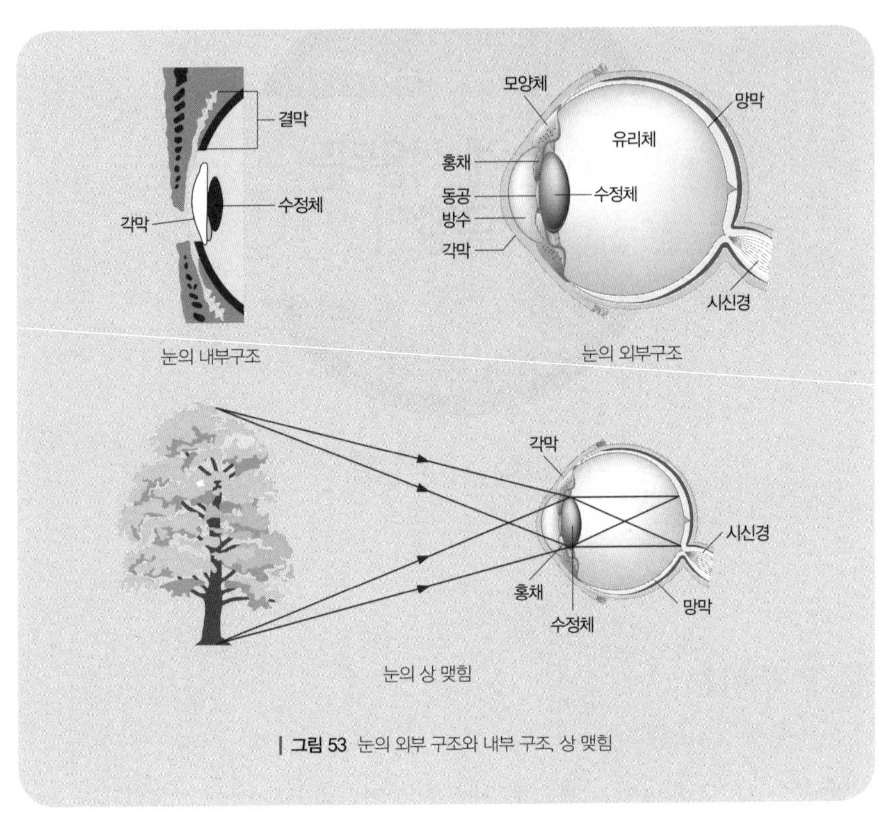

| 그림 53 눈의 외부 구조와 내부 구조, 상 맺힘

의 콜라젠 판상(板狀)섬유들이 40~60층 일정한 방향으로 배열되어 서로 수직되게 교차되어 있는 특이한 구조이다. 이렇게 단백질인 콜라젠 섬유로 구성된 각막이 투명하다는 것은 실로 기이하다. 각막의 내부층인 각막내피층은 단지 한 층의 6각형 세포가 정렬되어 있지만 눈 내부의 액체인 방수가 각막층으로 침투하여 들어오지 못하게 막아서 각막의 투명도를 유지하는 중요한 기능을 하고 있다.

인체의 각막상피층과 각막실질층은 손상되어도 비교적 잘 재생되는 반면에,

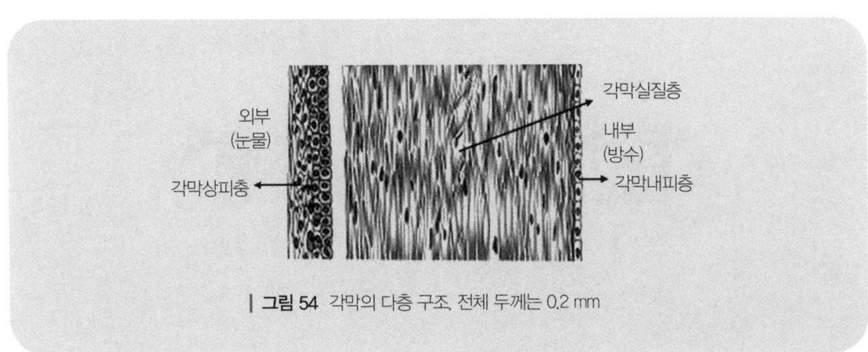

| 그림 54 각막의 다층 구조, 전체 두께는 0.2 mm

각막내피층은 절대로 재생되지 않으므로 각막내피층이 손상되면 실명한다. 그러나 토끼 등 많은 동물들은 각막내피층도 완전히 재생된다. 각막은 혈관이 없는 조직이고, 영양분은 내부의 액체인 방수에 의하여 전달되며, 산소는 대기로부터 각막 표면을 통하여 공급받는다.

외부에서 들어오는 빛은 각막에서 굴절되고 (전체 굴절의 2/3) 다시 수정체에 의하여 굴절되어 (전체 굴절의 1/3) 망막에 거꾸로 상이 맺히면 시신경이 이 상을 이해한다(그림 53의 아래). 홍채는 크기가 변화하면서 빛이 통과하는 양을 조절한다. 즉 밝은 곳에서는 홍채가 늘어나 동공을 좁혀서 빛의 양을 줄이고, 어두운 곳에서는 반대로 홍채가 줄어들고 동공이 확대되어 빛의 양을 늘린다(그림 55). 사진기의 조리개는 이 홍채의 기능을 흉내 낸 것이다. 야행성 동물들이 밤에 시력이 좋은 이유는 동공이 큰 범위로 조절되기 때문이다.

각막과 수정체에 의하여 굴절된 빛은 정확하게 망막 위에 상을 그린다. 그러나 근시 환자는 굴절이 정상보다 너무 커서 상이 망막보다 그 앞에 맺히므로 오목렌즈 안경으로 빛을 흩어지게 수정한다(그림 56). 반대로 원시 환자는 굴절이 정

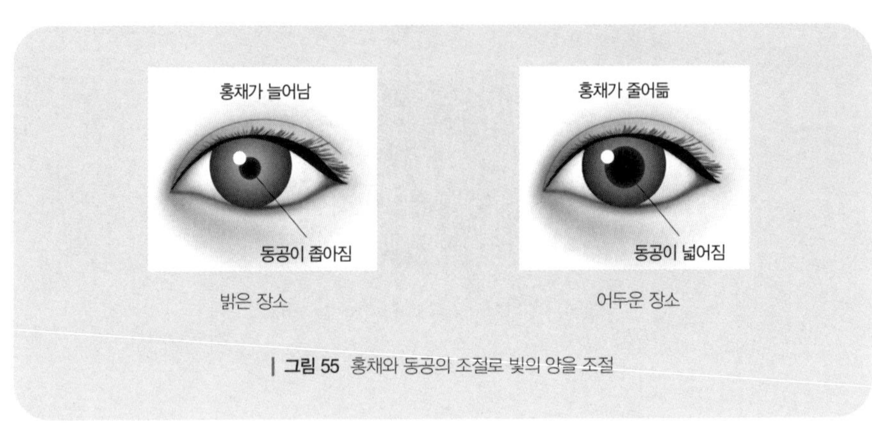

| **그림 55** 홍채와 동공의 조절로 빛의 양을 조절

상보다 작아서 상이 망막 뒤에 맺히므로 볼록렌즈 안경으로 굴절을 증가시켜 역시 상이 망막에 맺히도록 수정한다.

인체의 수정체는 단백질이 35%, 물이 65%로 구성되어 있고, 직경이 9 mm, 두께가 4 mm인 원반 모양으로서 수정체낭 안에 들어 있다. 인체 수정체의 굴절률은 1.42인데, 수정체에 붙어 있는 진대와 모양체의 운동으로 수정체의 두께가 조절된다. 가까이 있는 사물을 볼 때는 모양체가 전진하고 진대가 느슨하여져서 수정체가 두꺼워져 굴절을 크게 증가시킨다. 반대로 멀리 있는 사물을 볼 때는 모양체가 후퇴하고 진대가 당겨져서 수정체를 얇게 하여 굴절을 감소시킨다.

사람의 수정체는 전 생애를 통하여 서서히 성장하는데, 어린이의 수정체는 말랑말랑하여 쉽게 두께가 조절된다. 그러나 나이가 들면서 수정체의 기능이 노화되는데, 20대 후반부터 수정체는 점점 딱딱하여지고 노란색을 띄게 된다. 노인들의 수정체는 매우 딱딱하여 두께 조절이 잘 안되므로 가까운 사물을 보기 힘들어지는데, 이것이 바로 노안 현상이다. 이 경우 돋보기로서 빛의 굴절을 추가

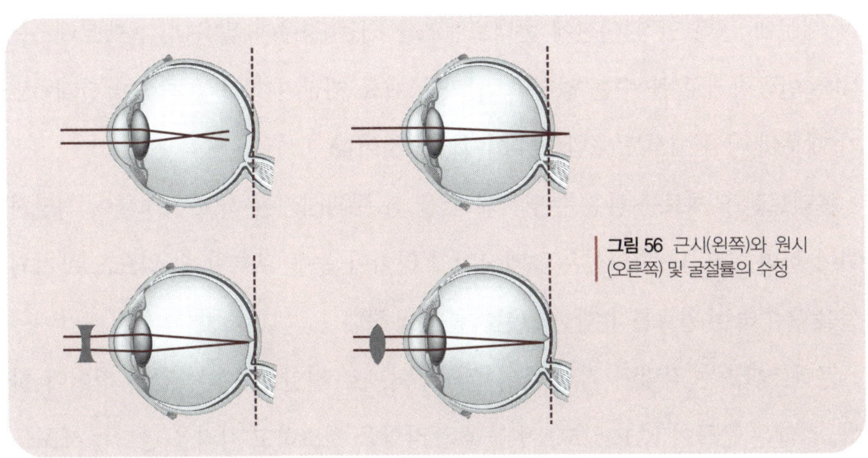

그림 56 근시(왼쪽)와 원시(오른쪽) 및 굴절률의 수정

적으로 증가시켜야 한다. 또한 나이가 들면 수정체를 구성하는 단백질이 변질되어 투명도가 감소하므로 빛이 산란되어 시력이 나빠지는 백내장을 유발한다. 특히 자외선은 눈의 각막이나 수정체를 손상시키므로 성인들은 자외선을 막도록 주의하여야 한다. 그런데 어린이들은 오히려 자외선을 받아야 근시되는 것을 막을 수 있다고 한다.

콘택트렌즈

요즈음에는 안경을 쓴 학생들이 정말 많다. 어려서부터 TV도 많이 보고, 공부를 열심히 하다 보니 책도 많이 읽게 되는데, 이때 자세가 좋지 않아 눈이 나빠지는 경우가 많다. 안경은 운동할 때 흘러내리는 등 일상생활의 불편함이 있다.

이 때문에 흔히 안경 대신에 콘택트렌즈를 끼는 경우가 많은데, 콘택트렌즈는 물론 인공장기로 볼 수는 없지만, 안과용 재료 개발의 역사상 중요한 단계이었기 때문에 이 책에서도 포함하여 이야기할 것이다.

콘택트렌즈 재료는 물론 투명하여 빛을 잘 투과시켜야 하고 굴절률이 적당하여야 한다. 그러나 자외선은 투과시키지 않아야 눈을 보호할 수 있으므로 자외선을 흡수하는 원료를 혼합한 고분자를 사용한다.

콘택트렌즈는 각막에 직접 붙어서 착용되므로 편안하고 이물감이 적어야 한다. 각막은 눈물이 덮고 있고, 이 눈물은 각막을 청소하고 각막을 만드는 세포들에게 수분을 공급하여 그 기능을 유지시킨다. 얇은 눈물층은 실제로 3층으로 존재하는데, 각막과 접촉하는 아래층은 끈끈한 물질이 많이 들어 있어 눈물이 각막 표면에 고르게 잘 퍼지도록 하고, 공기와 접촉하는 맨 위층은 눈물이 빨리 증발되지 않도록 기름 성분이 덮고 있다. 각막을 덮는 얇고도 얇은 눈물층이 3층의 구조라니 우리 인체의 신비스러운 구조에 다시금 경탄하지 않을 수 없다. 눈물은 단백질과 지방 성분을 포함하고 있으므로 콘택트렌즈가 이들을 흡착하면 더러워지고 박테리아가 붙어서 성장하여 해로우므로, 착용하지 않을 때는 떼어 내어 소독액에 살균하여야 한다.

또한 각막에 존재하는 세포도 산소가 필요하다. 산소는 각막 표면을 통하여 전달되는데, 콘택트렌즈는 각막 위에 덮어서 착용되므로 공기가 (산소가) 각막으로 전달되는 경로를 방해한다. 즉 콘택트렌즈용 재료의 중요한 요소의 하나는 산소투과도이다. 실제로 산소가 각막으로 전달되는 경로는 두 가지이다. 첫째는 산소가 눈물에 녹아서 전달된다. 따라서 재료가 물을 많이 흡수하면 (재료의 함수율이 높으면) 전달되는 산소의 양도 많다. 각막의 함수율은 78%로 매우 높다. 둘째는 산소가 재료 물질 내부로 확산하여 투과하는 것이다. 재료가 산소를 많이 투과시키려면 두 가지 성질이 중요하다. 우선 산소가 재료 안으로 많이 녹아 들어가야 하는데, 이는 재료가 화학적으로 산소와 친한 정도에 따른다. 불소화합물은 산소와 친하여 산소가 많이 녹아 들어간다. 앞의 2장의 인공혈액에서 여러 가지 불소화합물이 인공혈액으로 개발되고 있는 예를 기억할 것이다. 또한 산소가 재료 내부를 확산하여 투과하여야 하는데, 부드러운 재료는 딱딱한 재료보다 분자 사이에 공간이 보다 많으므로 공기 분자가 투과하기 쉽다. 특히 실리콘 고분자는 기체 투과량이 제일 큰 재료로서, 3장에서 인공심폐기용 중공사 재료로 사용되고 있는 것을 설명한 바 있다.

콘택트렌즈는 우선 경질(hard)과 연질(soft) 렌즈로 나눈다. 최초로 개발된 콘택트렌즈는 아크릴간판, 자동차 후미등으로도 사용되는 투명한 PMMA로서 경질 재료이다. 4장에서 인공고관절을 고정할 때 사용하는 골시멘트도 같은 재료인 PMMA이지만 그 적용 방법이 다르다. 골시멘트는 원료 MMA를 액체 상태로 주입하여 PMMA로 중합시켜 굳히는 방법이고, 아크릴간판 및 경질 콘택트렌즈나 다음 절에서 설명하는 인공수정체는 공장에서 중합하여 PMMA로 생산된 알갱이(pellet)를 렌즈 모양으로 가공하는 것이다.

PMMA를 안과용 재료로 응용하게 된 계기는, 헬리콥터 조정석 창으로 사용된 PMMA가 사고로 조종사 눈동자에 파편이 박혔는데도 인체에 무해한 것을 관찰한 영국 의사가 PMMA를 최초로 경질 콘택트렌즈로 응용하였고, 그 후 인공수정체로도 적용하였다. PMMA 경질 콘택트렌즈는 강하지만 소수성이어서 착용감이 편안하지 못하다(소수성과 친수성은 부록 2 그림 9 참조). 또한 산소를 전혀 투과시키지 못하는 딱딱한 재료이다. 그러나 PMMA 경질 콘택트렌즈는 실제로 각막 위 눈물층 위에 떠 있어서 산소가 눈물을 통하여 전달될 수 있으므로 전체적으로 산소가 투과되는 것을 방해하지는 않는다(그림 57).

두 번째로 개발된 콘택트렌즈는 친수성 아크릴계 고분자인 폴리하이드록시에틸메타크릴레이트(PHEMA)* 소프트(연질) 콘택트렌즈이다. PHEMA는 함수율이 약 37%로서 물을 많이 흡수하여 묵과 같은 상태를 이루는 고분자이며, 이러한 묵 같은 상태를 하이드로젤(hydrogel)*이라고 부른다. PHEMA 하이드로젤은 체코의 위치텔(Wichterle) 박사가 1959년 발명하였고 FDA가 소프트 콘택트렌즈로 인가한 것은 1971년이다. 체코의 고분자연구소 연구원들은 자기 연구소의 위치텔 박사가 이 PHEMA를 발명한 업적을 매우 자랑스럽게 생각하고 있다.

이 소프트 콘택트렌즈는 친수성이므로 착용감이 매우 편하여 빠르게 경질 PMMA 콘택트렌즈를 대체하였다. 그러나 이 소프트 콘택트렌즈는 약하고 단

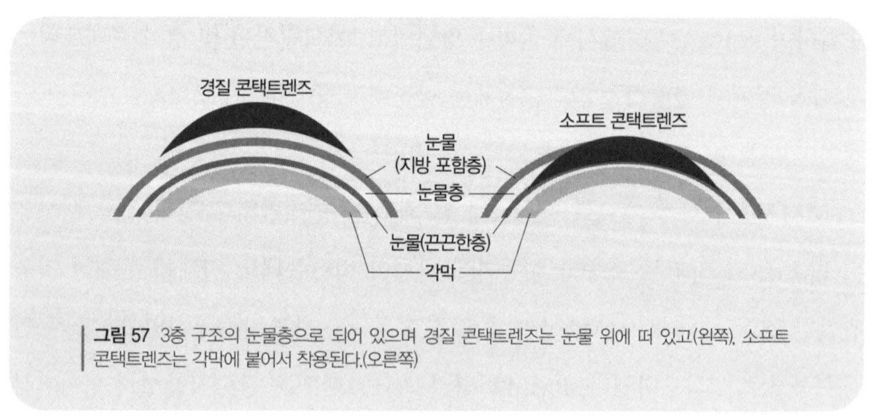

그림 57 3층 구조의 눈물층으로 되어 있으며 경질 콘택트렌즈는 눈물 위에 떠 있고(왼쪽), 소프트 콘택트렌즈는 각막에 붙어서 착용된다.(오른쪽)

백질이 흡착되어 박테리아가 성장하기 쉬운 단점이 있다. 또한 경질 콘택트렌즈가 눈물층 위에 떠 있는 것과 반대로, 소프트 콘택트렌즈는 각막에 직접 붙어서 착용되므로 산소가 눈물을 통하여 전달되지 못하는 반면에, PHEMA는 함수율이 37%로서 산소투과도가 충분하지 못하다. 산소투과도를 증가시키려면 아주 얇게 제조하거나 보다 함수율이 높은 원료를 섞은 고분자를 사용하여야 하지만, 강도가 너무 약해지므로 곤란하다. 함수율을 증가시키는 목적으로 폴리비닐피롤리돈을 혼합한 재료도 많이 사용하는데, 이 폴리비닐피롤리돈은 물에 녹는 고분자로서 2장의 인공혈액에서 혈장증량제로 사용한 것을 소개한 바 있다.

이러한 하이드로젤 소프트렌즈는 건조되면 각막에 강하게 달라붙어서 각막을 상하게 할 수 있고 감염되기 쉬우므로 착용하지 않을 때는 반드시 벗어서 소독액에 담가 놓는 것이 좋다. 소프트 콘택트렌즈로 인한 감염을 막기 위해서는 의학적인 면만 본다면 반복적으로 살균하기보다 약 1~2주일 착용하고 버리는 것이 안전하다. 이러한 이유로 일회용 소프트 콘택트렌즈가 시장에서 점차 많이 애용되고 있다. 일회용 소프트 콘택트렌즈는 가격이 싸야 하므로 PHEMA 대신에 보다 싸고 역시 물에 녹는 고분자의 하나인 폴리비닐알콜*계 고분자를 사용하기도 한다.

소프트 콘택트렌즈는 착용감이 뛰어나지만 산소투과도가 충분하지 못하므로, 새로운 재료 연구가 계속되었다. 실리콘 고분자(학명으로는 폴리다이메틸실록산*)가 산소를 가장 많이 투과시키는 것을 이용하여 실리콘의 원래 발명회사인 다우코닝사는 소프트 콘택트렌즈를 개발하여 자신 있게 시장에 내놓았다. 그러나 실리콘은 소수성이 매우 커서 각막에 강하게 달라붙고 눈물 속에 포함된 단백질과 지방질을 쉽게 흡착하여 더러워지고 투명도가 감소하여 콘택트렌즈로서는 실패하고 관련 시장에서 철수하였다. 물론 다우코닝 사는 이러한 실리콘의 단점을 미리 알고 표면을 산화하여 친수성을 증가시켜 제품으로 내 놓았지만, 시간이 지남에 따라 표면이 원래의 소수성 상태로 돌아와 실패한 것이다.

이와 같이 실리콘계 소프트 콘택트렌즈는 실패하였지만, 실리콘계 또는 불소계 고분자의 산소투과도가 높은 점을 이용하여 연구가 계속되었고, 마침내 실리콘(정확히 말하면 트라이메틸실록산기)을 포함하는 TRIS-메타크릴레이트계* 고분자 또는 불소를 포함하는 메타크릴계 고분자(정확히는 poly(hexafluoroisopropyl methacrylate)*가 개발되었다. 이 두 고분자는 시장에 RGP(rigid gas permeable lens)로 소개되었는데, 경질이어서 강하고 소수성이 커서 착용감은 다소 불편하지만 산소투과도가 월등히 크다. 특히 불소계 고분자는 테플론*이 프라이팬 코팅으로 사용된 예와 같이 표면이 매우 미끄러워 단백질 및 지방질의 흡착이 적은 이점도 있다.

근래에는 산소투과도가 높은 실리콘계 고분자와 착용감이 좋은 하이드로젤계 고분자를 혼합하여 실리콘-기반 하이드로젤이라고 부르는 이상적인 소프트 콘택트렌즈가 개발되었다. 이러한 재료의 조성은 산소투과도가 높은 실리콘계 또는 불소계 화합물과 친수성이 큰 화합물이 혼합된 매우 복잡한 구조이다. 실리콘-기반 하이드로젤은 산소투과도가 월등히 커서 잘 때도 렌즈를 벗을 필요가 없는 것으로 인가되었지만, 콘택트렌즈를 낀 채로 잠을 잔다는 것은 바람직하지 않다.

콘택트렌즈는 현실적으로 시장이 매우 크고 제품의 종류도 많아 경쟁이 치열한 분야이다. 재료 기술도 완전히 성숙한 단계로서 앞으로 이 실리콘-기반 하이드로겔보다 더 좋은 새로운 콘택트렌즈 재료가 개발되기는 힘들 것으로 예상되며, 일회용 소프트 콘택트렌즈가 얼마나 시장을 침투하는가에 관심이 있다.

근래에 안경이나 콘택트렌즈를 착용할 필요 없이 아예 각막을 물리적으로 수정하여 시력을 교정하는 수술들이 시행되고 있다. 첫째는 레이저로 각막층을 일부 잘라내어 얇게 만들어 굴절율을 작게 함으로써 근시를 수정하는 수술이다. 라식(LASIK)과 라섹(LASEK)이 있으며, 이 두 가지 방법은 비슷하나 잘라내는 각막의 부위가 다르다(그림 58 참조).

라식은 칼이나 레이저로 각막 윗부분을 수평으로 잘라 열어젖히고 그 아래의 각막실질층을 레이저로 얇게 깎은 후 각막 절편을 덮는다. 이때 각막 절편은 각막에 다시 결합되는 것이 아니고, 마치 젖은 종이가 유리창에 붙어 있는 것처럼 단순히 부착된다. 라식 수술은 수술비가 싸고 회복이 빠른 장점이 있으나 각막

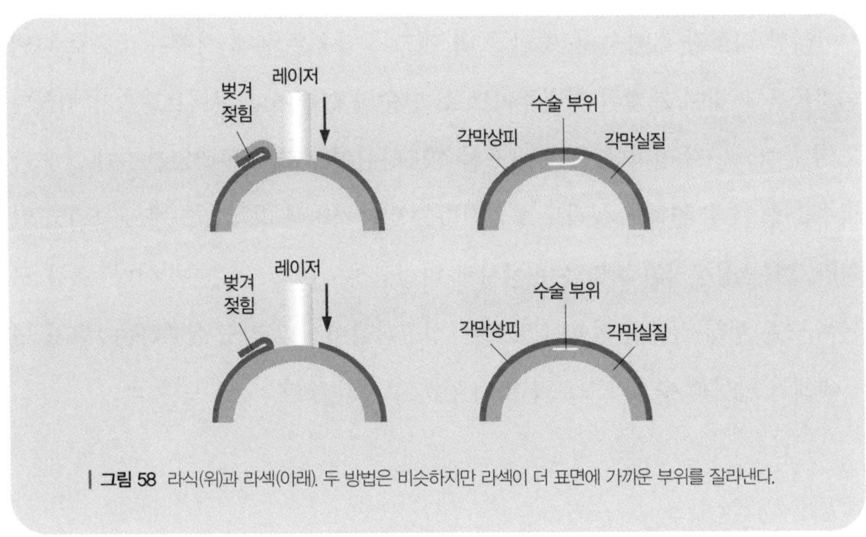

그림 58 라식(위)과 라섹(아래). 두 방법은 비슷하지만 라섹이 더 표면에 가까운 부위를 잘라낸다.

절편이 완전히 다시 붙지 않아서 안구건조증이 생기거나 격렬한 운동을 하면 각막 절편이 밀리는 상황이 생길 수 있다.

라섹은 비슷한 방법이지만 절개부위가 더 안구 표면에 가깝다. 라섹은 알코올로 각막상피층만 들어올리고 그 아래 각막실질층을 역시 레이저로 깎아내는 수술인데, 라식보다 깎아낼 수 있는 각막층이 더 여유가 있는 장점이 있다. 반면에 3~4일 아프고 시력 회복이 늦는 단점이 있다.

안구 내 렌즈 삽입술은 말 그대로 안구 안, 즉 홍채 뒤쪽이나 앞쪽에 굴절률을 조정하는 콘택트렌즈를 삽입하는 방법이다. 장점은 각막에 손상을 주지 않아 안구건조증이 생기지 않으며 삽입한 렌즈는 추후에 빼낼 수도 있다는 것이다. 또한 라식 및 라섹수술보다 더 높은 도수로도 교정이 가능하고, 시야가 깨끗하고 회복기간이 필요 없다. 단점은 가격이 비싸며 각막상피세포가 소량이긴 하지만 꾸준히 손실되고 심하면 백내장이 발생할 수도 있다.

이러한 라식과 라섹수술 및 안구 내 렌즈 삽입술은 원래 시력이 극도로 나쁜 환자들을 위하여 개발된 방법들이므로, 단순히 안경이나 콘택트렌즈가 귀찮다고 추천하기는 무리이다. 특히 골프선수인 타이거 우즈가 콘택트렌즈 대신에 라식수술을 한 후 편하고 성적도 좋아졌다고 알려지면서 라식이 크게 보급되고 있지만, 이는 정상적인 각막을 손상시켜 비정상적으로 만드는 수술이다. 또한 모든 수술은 항상 실패할 확률이 있으며, 성공확률이 99%라도 실패하는 1%가 누구에겐가 발생할 수 있으므로 선뜻 추천하고 싶지 않다.

백내장 수술과 인공수정체

백내장은 노화 및 질병으로 인하여 인체의 수정체가 누렇게 변하면서 불투명하여지고, 따라서 시야도 뿌옇게 되는 병이다. 백내장 질병의 정확한 원인은 완전히 밝혀지지 않았지만, 당뇨병이 있는 사람은 백내장에 걸리는 시기도 빠르다. 또한 근래에는 노화에 의한 백내장이 많아져서 의료통계에 의하면 65세 이상 노인의 85% 이상이 백내장을 경험하고 있고, 국내 환자 수도 매년 약 20만 명에 달한다고 한다.

백내장을 치료하는 방법은 불투명하여진 수정체를 제거하고 고분자로 만들어진 인공수정체를 삽입하는 것이다. 인공수정체는 그림 61과 같이 직경 5~7 mm의 디스크형으로서 중앙의 광학부는 투명하여 빛의 통로 구실을 하고, 가장자리는 눈 내부에 거는 걸이로 구성되어 있는데, 재료와 디자인이 여러 가지이다.

인공수정체를 삽입하는 시술 방법은 재료의 개발에 따라 변화하여 왔는데, 처음에 개발된 재료는 경질 콘택트렌즈로 개발된 딱딱한 PMMA 소재이다. 경질 PMMA 인공수정체를 삽입하려면 수정체낭 앞면의 일부를 도려내고, 각막을 약 14 mm 절개하여 혼탁한 수정체를 밀어서 뽑아낸 후, 수정체낭이 물러앉지 않도록 수정체낭 내부로 끈끈한 하이알유론산 용액을 주입한다(하이알유론산의 구조와 성질은 4장 참조). 이어 인공수정체를 삽입하여 고정한 후 각막 절개 부위를 봉합한다. 이 방법은 절개 부위가 크므로 절개 부위를 반드시 실로 봉합하여야 하고 시술 후 회복이 오래 걸리므로 입원이 필요하였다.

그 후 뿌옇게 된 수정체를 초음파로 잘게 부수어서 빨아들여 제거하는 기술이

| **그림 59** 정상(왼쪽) 및 백내장 환자의 시력(가운데 및 오른쪽)(자료: 서울대학교 병원)

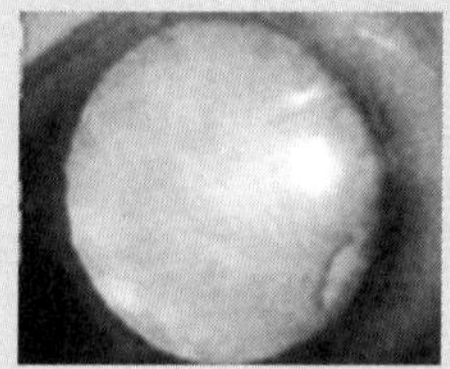

| **그림 60** 백내장 환자의 누렇고 혼탁해진 수정체(자료: 서울대학교 병원)

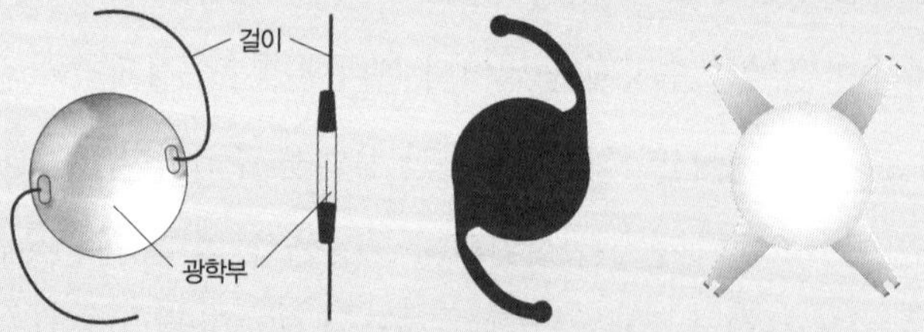

| **그림 61** 여러 가지 인공수정체들

개발되어 절개 부위가 7 mm 정도로 작아졌다. 근래에는 접어서 삽입할 수 있는 연질 인공수정체를 사용하므로 절개부위가 3.5 mm로 대폭 작아졌다. 이러한 개선된 방법에 의하면 각막 절개 부위가 매우 작으므로 실로 봉합할 필요가 없고 회복이 빨라서 입원할 필요도 없다.

새롭게 개발된 연질 인공수정체 재료로는 소수성 아크릴계 고분자(학술적으로는 poly(2-phenylethyl methacrylate/acrylate 공중합체, 상품명 AcrylSof)*, 앞의 연질 콘택트렌즈 재료로 소개한 PHEMA 및 실리콘 고분자를 사용한다. 실리콘 고분자는 위에서 소개한 대로 아주 부드러운 고무로서 화학적으로 매우 안정하고 인체에 부작용이 없어 인공수정체뿐만 아니라 코뼈 등 성형외과용 재료로도 많이 쓰이고 있다.

이러한 인공수정체의 재료는 독성이 없고 투명하여야 하며 체내에서 모양이 변하지 않아야 함은 물론이다. 또한 재료의 굴절률이 인체 수정체의 굴절률인 1.42와 비슷하거나 오히려 조금 더 크면 더 얇은 제품으로 만들 수 있으므로 좋다. 실제 경질 PMMA의 굴절률은 1.49, 연질인 소수성 아크릴계 고분자는 1.55, 친수성 아크릴계 PHEMA 고분자는 1.47, 실리콘계 고분자는 1.41~1.46이다.

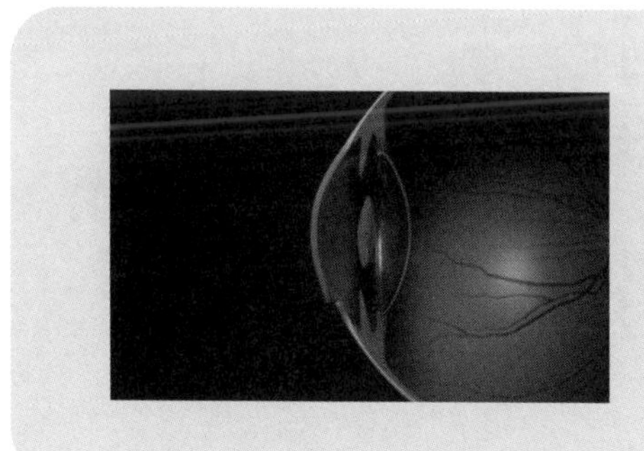

그림 62 원래 수정체 자리에 인공수정체를 삽입한 안구(자료: 서울대학교 병원)

그림 62는 인공수정체가 삽입된 안구의 모습이다. 삽입 위치도 시대에 따라 바뀌어 수정체 전방 또는 수정체 후방 등 여러 곳에 이식되었지만 현재는 수정체낭 안, 즉 원래 수정체를 제거하고 대신 그 자리에 삽입하며, 인공수정체의 걸이가 수정체낭 모서리에 고정된다. 시술 시에 일부 떼어낸 수정체낭 앞면은 재생되지 않고 그대로 유지된다.

인공수정체를 삽입한 환자의 대부분이 수개월 이내에 시력이 다시 뿌옇게 되는 경우가 있는데, 이를 후발성 백내장이라고 부른다. 그 원인은 시술 시에 남아있던 투명한 수정체낭 내피세포가 다시 자라면서 수정체낭 후면으로 옮겨가며 불투명한 섬유아세포(인체에서 가장 많은 세포, 콜라젠을 만듦)로 변하기 때문이다(그림 63의 왼쪽). 반면에 세포가 인공수정체 표면 위로 옮아가는 경우는 많지 않다. 이 현상은 근본적으로 수술로 손상된 조직을 재생하려는 인체의 재생활동의 결과이다. 이를 예방하기 위하여 수술할 때 수정체낭 내피세포를 가능한 한 모두 제거

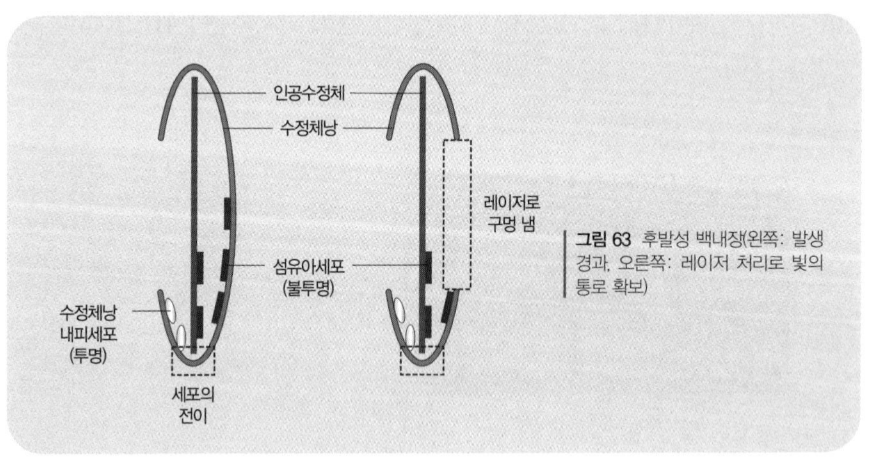

그림 63 후발성 백내장(왼쪽: 발생 경과, 오른쪽: 레이저 처리로 빛의 통로 확보)

하려고 노력하지만 완전할 수 없다.

이러한 후발성 백내장을 처치하는 방법은 수정체낭 후면의 일부를 레이저로 파괴 제거하여 빛의 통로를 확보하는 방법이 유일하다(그림 63의 오른쪽). 수정체낭 내피세포의 증식을 막기 위하여 해당하는 부위에 항암제를 미량씩 방출시키는 연구도 한동안 수행한 적이 있다. 다행이 근래에는 인공수정체의 모서리를 수정체낭 모서리에 밀착시켜 세포가 옮겨가는(세포의 전이) 것을 방지하는 디자인이 성공하여 후발성 백내장이 크게 줄었다.

인공수정체는 가장 성공적인 인공장기의 예로서 기능이 우수하고 부작용이 없어 우리나라에서도 매년 20만 건 이상 이식되고 있다. 어느 환자는 선천적으로 눈이 매우 나빠서 시력이 좋지 않았는데 백내장으로 인공수정체를 끼고 나니 오히려 더 잘 보인다고 행복해 하기도 한다. 그러나 현재의 인공수정체는 두께 조절이 불가능하여 원근 조절이 불가능하고, 처음부터 일정한 굴절률을 선택하여 삽입하여야 하는 단점이 있다. 근래에 다중 초점형 인공수정체나 인공수정체의 중심부가 앞뒤로 움직이는 설계로 원근을 조절할 수 있는 제품이 개발되고 있지만, 아직 폭넓게 사용되고 있지는 않다.

인공각막

인체의 각막은 두께 0.2 mm의 얇고 투명한 막으로서 5층으로 구성되어 있다(앞의 그림 54 참조). 각막상피층과 각막실질층은 손상을 입어도 비교적 재생이 잘

되지만 각막내피층은 전혀 재생되지 않는다. 각막이 화상 또는 사고로 손상을 입으면 다른 사람의 각막을 이식받을 수 있다. 그러나 제공되는 각막이 모자라고, 특히 아시아 지역은 각막 기증이 흔하지 않아서 매우 부족한 설정이다. 한편 눈물이 모자라거나, 흔하지는 않지만 스티븐스존슨병이라고 눈물이 전혀 나오지 않는 환자도 있는데, 이 병의 원인은 아직 모르고 있고 감기약을 잘못 복용하여 발병한다는 이론도 있다. 이러한 환자들은 각막을 이식받더라도 눈물이 없어서 각막조직이 죽으므로 실패하게 된다. 각막조직이 죽으면 결국 섬유소가 발달하여 피부처럼 변성되기도 한다.

인공각막의 개발을 위하여 오랜 기간 많은 연구가 진행되어 왔다. 앞에서 설명한 바와 같이 PMMA와 PHEMA 등 몇 가지 종류의 투명한 고분자가 콘택트렌즈나 인공수정체로 성공적으로 적용되고 있으므로, 이러한 소재를 이용하여 인공각막을 개발하는 것은 겉으로는 어렵지 않아 보인다.

그러나 이러한 인공재료가 인체의 각막과 친하지 않아서, 인공각막이 인체의 각막과 붙어서 결합되지 않고 분리되어 밖으로 튀어나와 버린다. 초기에는 인공각막이 튀어나가지 못하도록 물리적으로 막기 위하여 그림 64와 같은 잠금단추

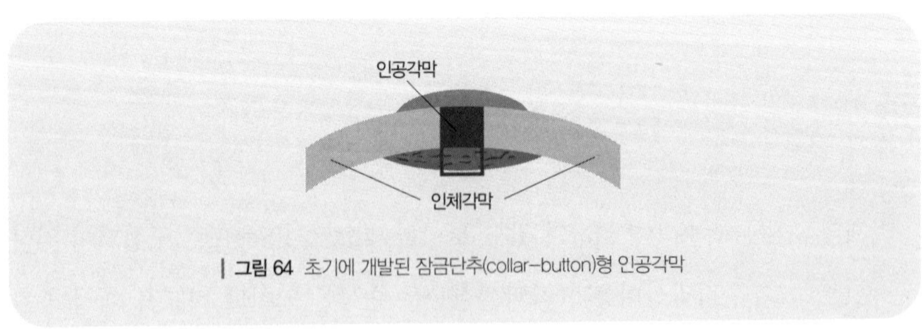

그림 64 초기에 개발된 잠금단추(collar-button)형 인공각막

(collar-button)형 인공각막이 개발되어 미국 FDA의 인가를 받았으나, 그 기능이 만족스럽지 못하였다.

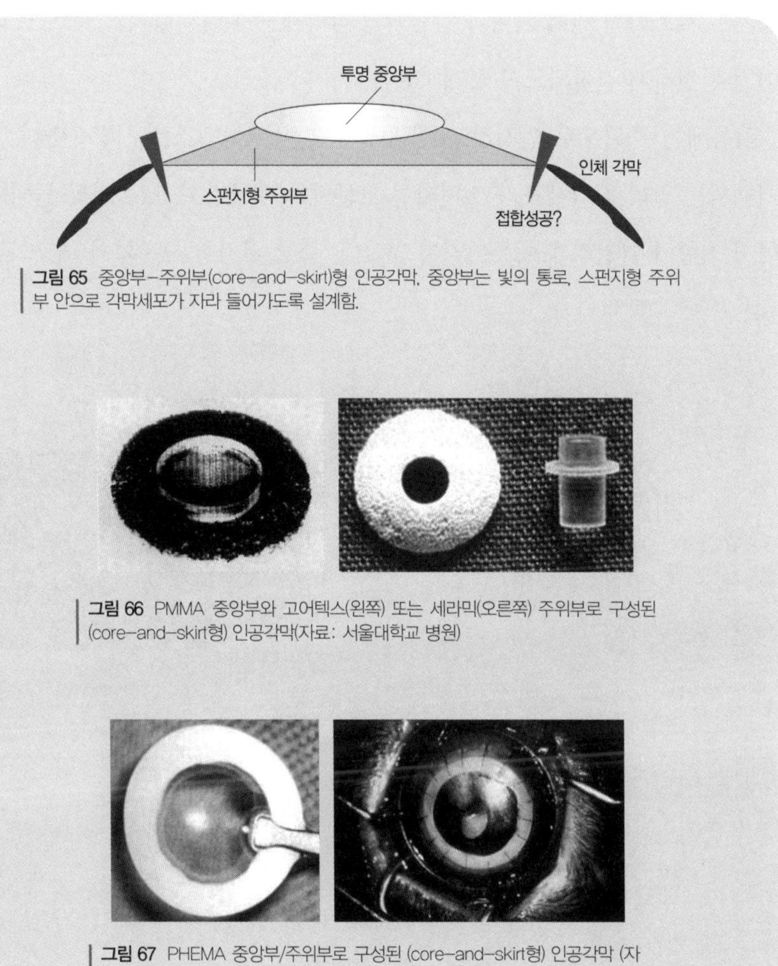

그림 65 중앙부-주위부(core-and-skirt)형 인공각막. 중앙부는 빛의 통로, 스펀지형 주위부 안으로 각막세포가 자라 들어가도록 설계함.

그림 66 PMMA 중앙부와 고어텍스(왼쪽) 또는 세라믹(오른쪽) 주위부로 구성된 (core-and-skirt형) 인공각막(자료: 서울대학교 병원)

그림 67 PHEMA 중앙부/주위부로 구성된 (core-and-skirt형) 인공각막 (자료: 서울대학교 병원)

그 후 그림 65와 같은 중앙부-주위부(core-and-skirt)형 구조의 인공각막이 많이 연구되었다. 이 구조는 중앙부에 PMMA 또는 PHEMA와 같은 투명한 고분자를 사용하여 빛의 통로를 확보하고, 주위부는 미세한 구멍이 많은 스펀지형 고분자로 제조하여 인체 각막과 접합되면 각막세포가 미세한 구멍 속으로 자라 들어가 완전하게 결합되도록 설계하였다.

처음에는 주위부로 안정하고 생체에 무해한 고어텍스를 사용하였다. 그러나 기대와는 달리 각막세포가 스펀지형 고분자 미세구멍 속으로 자라 들어가지 않아서 접합이 완전하게 이루어지지 않았다. 즉 스펀지형 고분자가 세포와 친하지

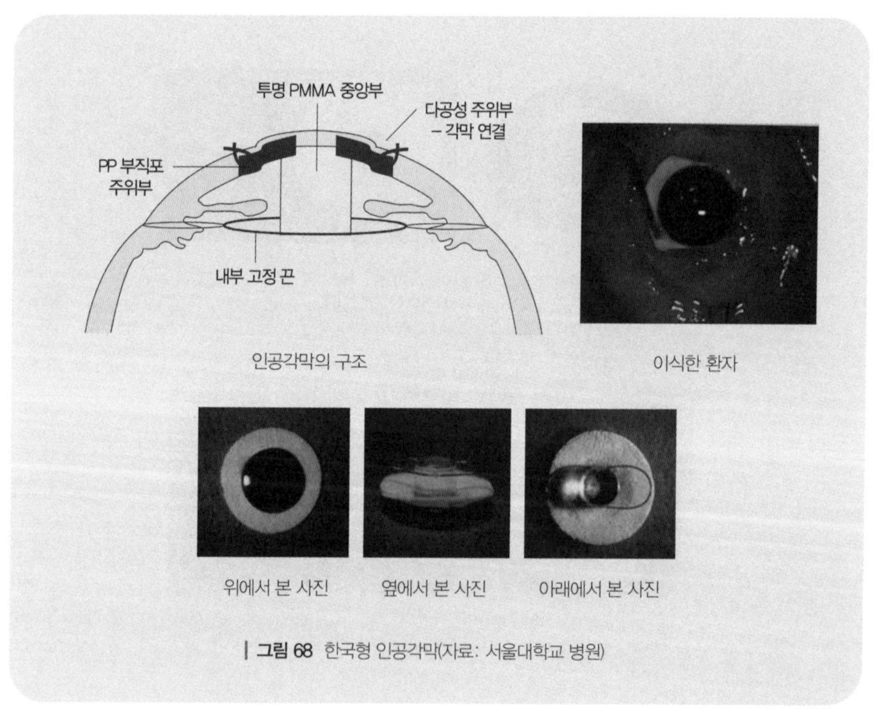

| **그림 68** 한국형 인공각막(자료: 서울대학교 병원)

않아서 세포가 재료 내부로 자라 들어가지 않은 것이다. 그 후 주위부를 고분자 대신에 뼈 성분과 비슷하여 세포와 친하다고 알려진 수산화아파타이트 세라믹으로 시도하였으나 결과가 크게 개선되지는 않았다.

현재 FDA에서 인가 받은 인공각막도 중앙부와 주위부로서 PHEMA를 강도가 다르게(가교 밀도가 틀리게, 즉 그물구조의 눈의 크기가 다르게) 제조하였는데, PHEMA가 소프트 콘택트렌즈로 성공한 재료이지만, 이 제품의 기능도 의사들이 크게 신뢰하고 있지는 못하다.

서울대학교의 이진학 교수 팀은 한국형 인공각막을 개발하여 임상시험까지 수행하였는데, 나도 같이 연구를 도울 기회가 있었다. 이 각막은 PMMA 중앙부를 주위부인 얇은 다공성 폴리프로필렌(PP)* 부직포에 붙이고, 이 부직포를 각막 속으로 집어넣어 각막세포가 부직포 안으로 자라 들어가 인체의 각막과 접합되도록 고안한 것이다. 추가로 PMMA 중앙부를 고정시키는 끈을 눈 내부 가장자리에 연결하여 이탈을 방지하였다. 이 독특한 구조의 한국형 인공각막은 환자 10여 명에게 이식하여 대체로 양호한 결과를 얻었으나 폴리프로필렌 부직포와 인체 각막의 접합이 완전하게 이루어지지는 못하였다. 나는 이진학 교수로부터 임상환자 중 한 할미니가 "눈을 실명하고 괴로워하다가 처음으로 손자의 얼굴을 윤곽이라도 보게 해 주어 죽어도 소원이 없다."라고 한 말이 아직도 귀에 생생하다는 말을 전해 들은 기억이 있다.

| 그림 69 정상 시야(왼쪽)와 녹내장 환자의 시야(오른쪽)(자료: 서울대학교 병원)

녹내장 치료용 배수기구

눈의 구조에서 안구 앞부분의 내부는 방수라고 부르는 액체가 채워져 있는데, 이것은 눈의 중심부를 이루는 유리체와도 연결되어 전체 안구조직세포에 영양분을 공급한다. 방수는 안구 내부에서 일정한 속도로 만들어지고 안구 밖으로 흘러나가며, 정상적으로는 안구 안의 압력이 10~20 mmHg로 유지된다. 방수가 배출되는 구멍이 막히든가 하여 방수시스템에 이상이 생기면 안구 내 압력이 올라가고 결국 시신경을 손상시켜서 시야가 좁아지는데, 이 병이 녹내장이다.

녹내장은 오늘날 대부분의 경우에 약물로 잘 치료된다. 그러나 약물치료가 실패하는 경우에는 넘치는 방수를 물리적으로 안구 밖으로 배출시켜야 한다. 이 배수 기구는 그림 70에서와 같이 작은 실리콘 관을 방수 통로로 안구 안에 집어넣고 안구 외부에 이식하는 작은 컵에 연결한다. 이 작은 컵은 실리콘 또는 폴리

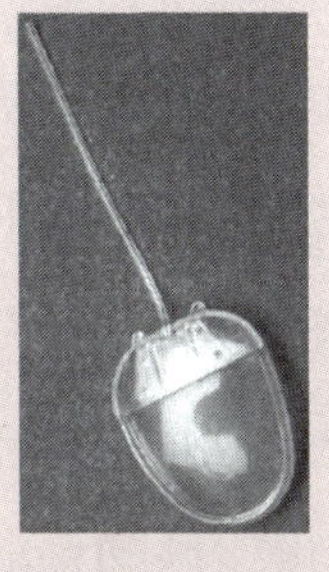

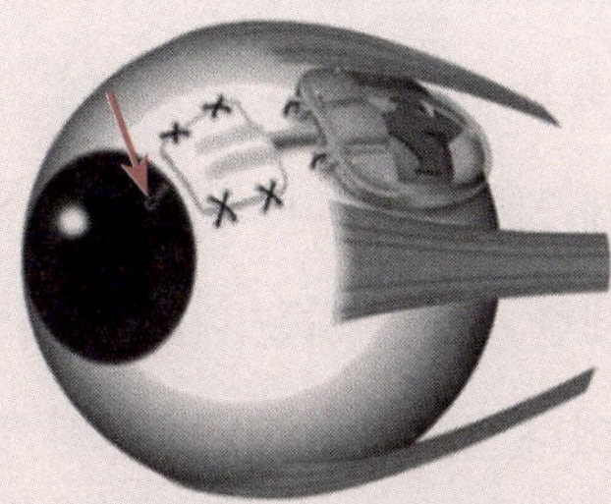

그림 70 녹내장 치료용 방수 배수기구. 안구 안에 배수관(화살 표시)을 집어넣고, 안구 외부에 이식한 작은 컵에 연결함. (자료: 서울대학교 병원)

프로필렌 재료로서 뚜껑이 없지만 이식 후에 섬유조직으로 촘촘하게 둘러싸여서 방수의 흐름이 줄어들어 지나치게 많이 배수되지는 않는다. 또한 방수의 흐르는 양과 방향을 조절하도록 밸브를 단 제품도 있다.

인공안구

사고나 암 등의 질병으로 안구 전체를 들어내게 되면 환자들은 자기 얼굴 모습에 충격을 받고 사회에서 격리되는 아픔을 겪을 수 있다. 이러한 환자들을 위하여 인공안구를 삽입한다. 초기에는 유리, 실리콘, PMMA가 사용되었지만, 이는 안구를 움직이는 근육조직과 결합되지 못하여 안구의 방향이 실제로 바라보는 방향과 달라 자연스럽지 못하였다.

이 단점을 해결하기 위하여 미세한 구멍이 많은 산호, 다공성 세라믹, 스펀지형 폴리에틸렌을 소재로 사용하면 조직이 미세구멍 내부로 자라 들어가서 안구를 움직이는 근육과 접합되므로 눈동자의 움직임에 따라 인공안구도 같이 움직여서 자연스럽게 보인다. 바다 속 동물인 산호는 탄산칼슘과 단백질로 구성된 복합재로서 미세한 구멍이 많은 다공성이고 생체적합성이 우수하여 이러한 용도로 사용되고 있다. 폴리에틸렌은 쇼핑백 및 필름으로 사용되는 흔한 플라스틱이지만 스펀지형(상품명 Medpor)으로 특수 가공하면 첨단 의료제품으로 변하는 좋은 예이다. 이 스펀지형 폴리에틸렌은 코를 높이거나 턱을 더 만드는 성형외과용 재료로도 많이 쓰인다(8장 참조).

인공망막과 유리체

망막에 도달한 빛은 시세포를 통하여 전기자극으로 바뀌고, 이 자극은 망막의 신경절세포를 통하여 뇌로 전달되어 형상을 이해한다. 망막은 색소상피, 추체세포 및 간체세포 등 10층으로 복잡하게 구성되어 있다.

망막 부위에도 여러 가지 질병이 있다. 우선 망막이 부분적으로 바닥으로부터 분리되는 경우가 있는데, 눈 속에서 마치 지푸라기 같은 것들이 떠다니는 것처럼 보인다고 한다. 노화에 의한 황반변성도 흔한데, 이는 나이가 많거나 흡연으로 인하여 망막중심부(황반) 기능이 퇴화되어 시야의 일부가 찌그러져 보이거나 희미하게 보이는 증상이다. 특히 당뇨병 (피 속의 포도당 함량이 높은 병) 환자는 망막에 있는 실핏줄이 터져서 망막이 손상되거나 분리되는 경우가 많다. 인체의 망막은 재생되지 않아 이렇게 손상된 망막 부위는 국부적으로 사물을 보는 기능을 잃으므로 회복되기가 거의 불가능하다.

단순히 망막이 분리된 경우는 부위가 작으면 레이저를 쏘아 접합시킨다. 떨어진 부위가 크면 원 위치로 부착시키기 위하여 프레온 (염화불화탄소) 또는 육불화황 (SF_6) 기체를 유리체 내부로 주입하여 그 증기압의 힘으로 떨어진 망막을 다시 밀어붙이는 치료법을 사용하는데, 이들 화합물의 증기가 위로 올라가 망막을 누르도록 환자는 하루 종일 엎드려 있어야 하는 고통이 있다.

인공망막은 빛을 전기자극으로 바꾸고 시신경과 뇌를 연결하여야 하는 매우 어려운 숙제로서, 빛을 감지하는 전극을 뇌 속에 이식하여 동물실험들을 진행하는 초보적인 연구 단계에 있다. FDA도 아직 허가하고 있지 않지만, 해외에서 일부 의료진이 이러한 인공망막을 시각장애자에게 이식하고 있는 경우가 보도되는데, 그 결과는 아직 믿을 만한 수준이 아니고 일부 환자가 운이 좋으면 물체의 윤곽만 의식하는 정도의 성공을 보이고 있다고 한다.

| **그림 71** 개발 중인 인공망막

유리체는 하이알유론산 등의 다당류가 주성분인 하이드로젤 형태의 물질이다. 앞의 인공수정체에서 소개한 바와 같이 PHEMA 등 몇 가지 하이드로젤이 연질 콘택트렌즈나 인공수정체로 사용되고 있으므로 이들을 인공유리체로 응용하려는 연구가 많이 진행되고 있지만, 아직 성능이 좋은 대용품이 개발되지는 못하고 있다.

Artificial Organs

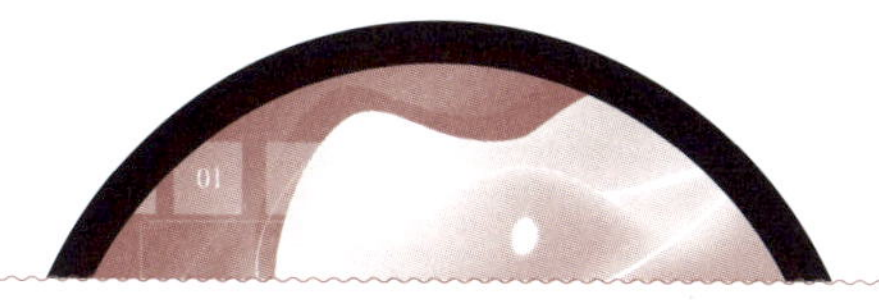

7. 치과 치료에 이용되는 인공장기

치아

치아의 윗부분인 치관은 겉부분이 법랑질(에나멜질)로 되어 있는데, 97% 이상이 인산칼슘계 세라믹인 수산화아파타이트로 구성되어 있으므로 매우 단단하고 소수성이다. 그 아래에 있는 상아질은 약 25%의 콜라겐과 75%의 수산화아파타이트 세라믹으로 구성되어 있어서 법랑질보다 친수성이 높다. 아래 부분인 치근(이뿌리)은 턱의 치조골에 박혀 있고 치주인대로 연결되어 있다. 법랑질과 상아질은 인산칼슘이므로 (실제 모든 뼈 조직은 인산칼슘계 세라믹이다.) 산에 녹는다. 음식물 찌꺼기는 입 안에서 산화되어 유기산이 되므로 치아를 부식시킨다.

치아의 가장 흔한 질병은 물론 충치로서, 치아의 표면이 부식되어 소실되는

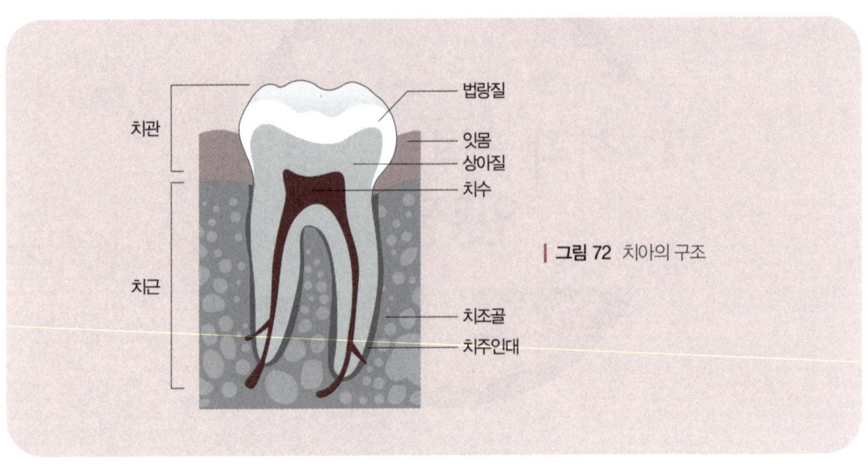

그림 72 치아의 구조

것이다. 치주염도 흔한 질환인데, 음식물 찌꺼기가 치아 잇몸 사이에 쌓여 딱딱하여지고 박테리아가 자라기 쉬워 감염을 일으킨다. 이 감염에 의하여 치조골이 소실되면서 치아의 뿌리가 약해지고 흔들린다. 한 번 소실된 치조골은 재생되지 않으므로 결국 손상된 치아를 뽑게 된다.

충치 때우는 컴포지트

충치가 생기면 손상된 부분을 제거하고 충전재로 때운다. 건강한 치아로 음식물을 씹는 것은 매우 쉽고 간단한 일이지만, 충전재 재료의 개발 입장에서 보면 입 안의 조건은 매우 가혹하다. 입 안은 늘 젖어 있으므로 부식되지 않는 특수 금속을 써야 하고, 고분자의 경우 물에 의하여 분해되어 강도가 줄어들지 않아야 하며, 더욱이 소화액과 효소의 작용을 이겨내야 하고 씹을 때는 상당한 힘을 받게 되므로 강해야 한다. 또한 온도의 변화도 영하의 아이스크림에서 뜨거운 커피까지 60℃ 이상의 차이를 견뎌야 한다.

초기에 개발된 충전재는 수은과 금 또는 은의 아말감 합금으로서 강하고 사용하기 쉽지만, 겉보기에 색이 좋지 않고 수은의 독성 때문에 의사들이 취급하기 싫어하여 사용이 크게 줄었다. 근래에는 비행기 날개를 제조하는 데에 사용되는 것과 비슷한 구조의 강한 bis-phenol A계 에폭시 고분자*를 쓰고, 강도를 더 증가시키고 표면이 닳지 않도록 하기 위하여 무게로 90% 이상의 석영 가루가 섞인 복합재를 사용하고 있다. 5장에서 소개한 바와 같이 복합재(composite)란 원래 고분자에 유리섬유, 탄소섬유 또는 광물질 가루를 섞어서 강도를 높인 재료를 부르는 용어인데, 치과에서는 충전재를 대신하여 컴포지트라고 부른다. 또는 컴포지트 대신에 레진(resin)이라고도 부른다. 레진은 원래 소나무의 송진을 말하는데, 고분자를 가리키는 일반적인 용어로서 금속인 아말감과 대비하여 사용되는 용어이다.

충전재용 컴포지트는 액체 상태의 원료를 화학적 반응으로 중합 경화시키는 고분자 시스템으로, 다른 말로 표현하면 짧은 국수의 원료를 화학반응으로 서로 결합하여 더 길고 가느다란 국수로 만들며 동시에 3차원적인 그물망 구조로 만들어 고체로 경화시키는 방법이다. 원래 컴포지트는 화학적 방법으로 반응시켜 굳어지는 시스템으로, 이에 사용되는 약품이 인체에 해로울 수 있다. 근래에는 입 안에서 보다 안전하게 경화시키기 위하여 화학적 방법 대신에 빛을 쪼여 중합시켜 경화되는 시스템을 쓰고 있다.

충치 표면은 더럽고 컴포지트가 잘 붙지 않는다. 따라서 충치 표면을 약한 산으로 세척하여 더러운 물질을 없애고 치아의 주성분인 인산칼슘/콜라젠을 노출시킨 후에 컴포지트를 적용하여 치아에 잘 붙도록 처리한다. 대부분의 컴포지트는 매우 소수성이어서 소수성인 법랑질에는 잘 붙지만, 친수성이 높은 상아질에는 접착이 좋지 못하다. 이를 해결하기 위하여 상아질 부위는 추가로 친수성 원료로 1차 코팅한 후 컴포지트를 적용하는 방법을 사용하고 있고, 친수성이 높은 화학적 구조를 가지는 컴포지트 재료도 상품화되어 있다.

또한 컴포지트와 비슷한 구조와 강도를 가지는 복합재를 이용하여 인공치아로 제조하여 의치로 쓴다. 전에는 인공치아로서 알루미나 또는 지르코니아계 세라믹 재료도 많이 사용되었는데 충격에 약한 단점이 있어 대부분 복합재로 대체되었다.

임플란트

노년에 많이 고생하는 치주염은 치석이 치아 사이의 치주조직에 쌓이고 감염을 일으켜 치조골이 소실되어 치아의 뿌리가 약해지는 병으로서, 결국은 손상된 치아를 뽑아야 한다. 대신에 인공치아를 옆의 건강한 치아에 브리지로 연결하거나 인공치아를 몇 개 심은 의치상(틀니)을 적용하거나 임플란트 를 이식하여야 한다.

의치상은 몇 개의 인공치아를 잇몸을 본 뜬 판에 심어서 적용하는데 강하지

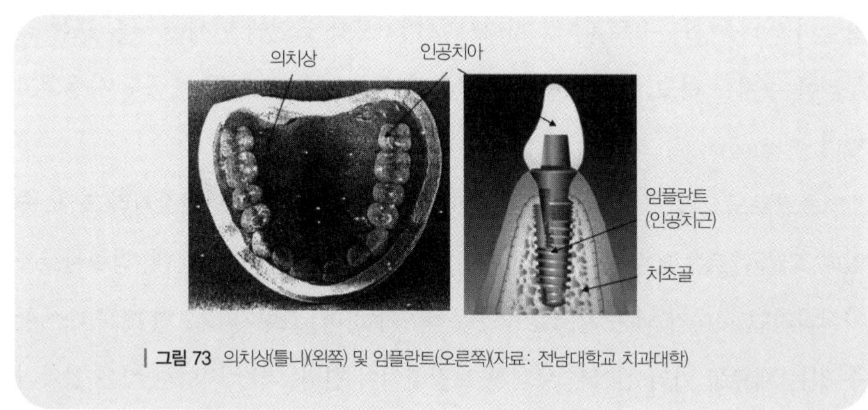

| 그림 73 의치상(틀니)(왼쪽) 및 임플란트(오른쪽)(자료: 전남대학교 치과대학)

못하고 적용 방법에 따라 옆의 정상 치아에 손상을 줄 수 있다는 단점이 있다(그림 73의 왼쪽). 의치상의 재료는 주로 골시멘트로 사용되는 PMMA를 골시멘트의 사용 방법과 비슷하게 적용하고, 강도를 개선하기 위하여 다른 원료를 혼합하기도 한다. 의치상과 달리 임플란트는 강하고 옆의 치아를 건드리지 않고 독립적으로 이식하므로 근래에 의치상 대신에 많이 시술하고 있다. 임플란트의 아래 부분은 나사 형태로 치조골에 고정시키고 위 부분은 인공치아로 구성되어 있다(그림 73의 오른쪽).

현재 임플란트의 재료는 거의 모두 티타늄인데, 4장의 인공고관절에서 설명한 것과 같이 티타늄은 가볍고 체내에서 가장 부식에 잘 견디며, 특히 뼈세포에 대한 친화성이 우수하여 치조골과 잘 결합되는 것으로 평가되고 있다. 또한 뼈세

4 임플란트(implant)는 원래 체내에 심는 모든 이식물을 통틀어 부르는 말이지만, 치아 대신에 심는 것으로 많이 인식되고 있다. 학술적으로는 임플란트 대신에 인공치근으로 불러야 타당하다고 생각하지만, 이미 일반 사람들이 임플란트로 부르고 있기 때문에 이 책에서도 그대로 사용하였다.

포들이 티타늄 표면으로 더 잘 자라서 들어가도록 표면에 미세한 구슬 또는 줄무늬를 주기도 하고 뼈의 성분인 수산화아파타이트를 코팅한 제품도 사용되고 있다(앞의 그림 38 참조).

임플란트도 기능이 우수하고 부작용이 없어서 성공적인 인공장기라고 할 수 있다. 임플란트는 10여 년 전부터 우리나라에서도 생산되고 있는데, 임플란트를 이식하려면 토대가 되는 치조골이 충분하여야 하며, 그렇지 않으면 뼈를 대체할 수 있는 재료를 미리 심어서 토대를 보강하여야 한다. 가장 적합한 것은 환자의 다른 부위의 뼈, 예를 들면 턱뼈의 일부를 잘라서 채우는 방법이지만 새로운 상처를 만들므로 대부분 선호하지 않는다. 따라서 주로 사체나 다른 동물의 뼈를 심는 경우가 많다. 현재 이상적인 뼈의 대체 재료가 마땅하지 않으며, 알루미나, 지르코니아, 바이오글라스(Bioglass), 수산화아파타이트 등을 스펀지 형태로 제조한 다공성 세라믹 재료를 많이 사용하고 있다. 그러나 이러한 뼈대용 재료가 기존의 치조골에 부착하여 잘 융합한다는 보장이 없고, 그 결과가 다양하며 환자에 따라서도 차이가 크다. 따라서 임플란트를 이식하는 경우의 성공 여부가 다양하게 나타나는 결과를 보여 주고 있다.

Artificial Organs

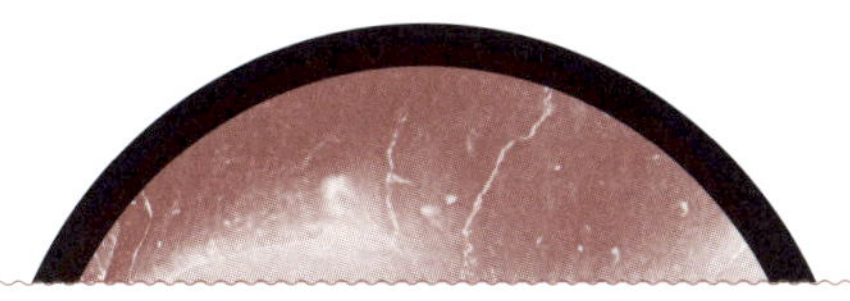

8. 성형외과용 인공장기

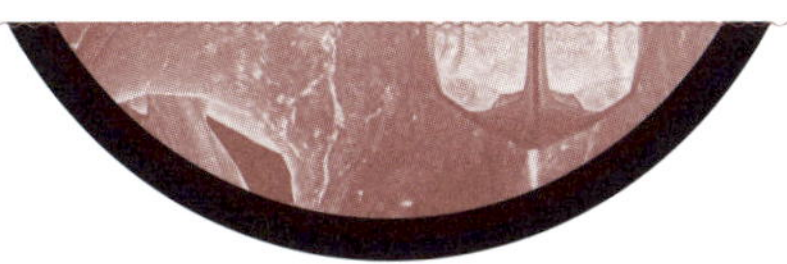

요즈음 많은 사람들이 미용을 이유로 성형수술을 하고 있다. 쌍꺼풀을 하고, 코를 높이고, 턱을 깎아내고, 유방을 확대하는 등의 성형수술로, 이른바 인조 미인이 많아지고 있다. 또한 유방암의 조기 발견에 따라 유방을 제거하는 여자들이 급증하면서 유방을 재건하는 수술도 많이 이루어지고 있다.

성형외과용으로서 인공코, 인공귀 등으로 가장 많이 쓰이는 재료는 실리콘 고무와 스펀지형 폴리에틸렌이다. 실리콘은 고분자 중에서 화학적으로 가장 안정하고 열에도 강한 부드러운 고무 소재로서 인체에 끼치는 부작용이 거의 없다. 스펀지형 폴리에틸렌은 인공 귀, 인공안와 (안구를 안고 있는 뼈 조직), 인공두개골 등으로 사용된다. 그림 74는 스펀지형 폴리에틸렌을 코, 턱, 귀 등으로 이식한 후에 재료의 미세구멍 안으로 조직이 자라 들어가 정상 조직처럼 기능하는 것을

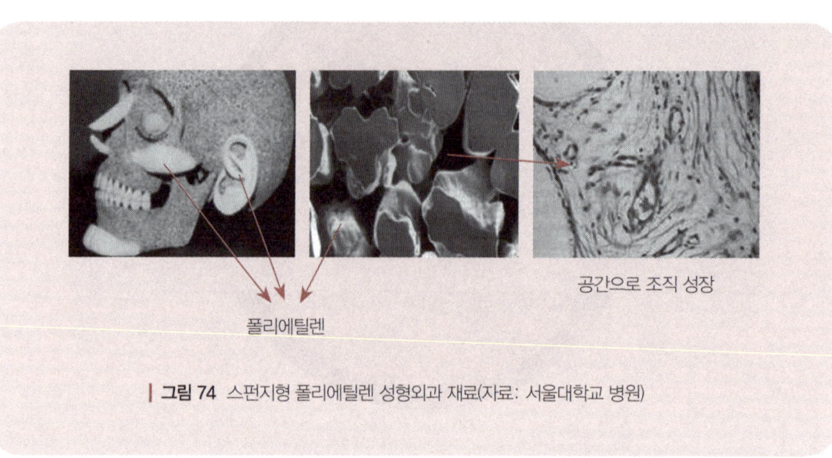

| **그림 74** 스펀지형 폴리에틸렌 성형외과 재료(자료: 서울대학교 병원)

보여 준다.

여성들에게 인공유방은 단순히 미용 목적도 있지만, 유방암으로 인하여 유방을 제거한 환자에게는 반드시 필요한 수술이다. 10여 년 전까지 인기가 좋았던 제품은 분자량이 작은 실리콘 고무를 실리콘 오일에 녹인 죽 상태의 제품(실리콘 젤이라고 부름)으로, 얇은 폴리우레탄 스펀지 주머니 안에 넣어서 감촉을 좋게 하였다. 이 폴리우레탄은 앞의 인공심장 재료로 사용되어 생체적합성이 좋은 재료로 확인되었다(그림 75 참조).

그러나 10여 년 전에 이러한 인공유방을 이식받은 여성들의 일부에서 폴리우레탄 주머니가 체내에서 분해되어 터지면서 실리콘 젤이 전신으로 퍼지는 사고가 있었고, 이 실리콘 젤이 암을 일으켜 피해를 입었다고 소송을 제기하여 당시 매스컴의 집중을 받았다. 많은 연구가 진행되었으나 실리콘 젤이 정말 암을 일으켰다거나 또는 근거가 없다는 증거를 내놓지 못하여, 결국 제조사인 미국의

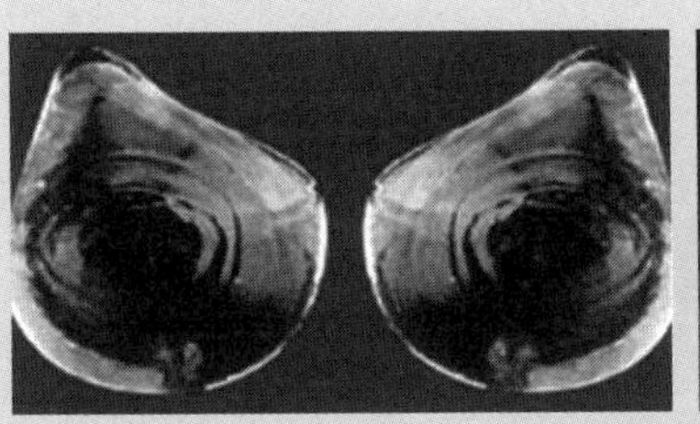
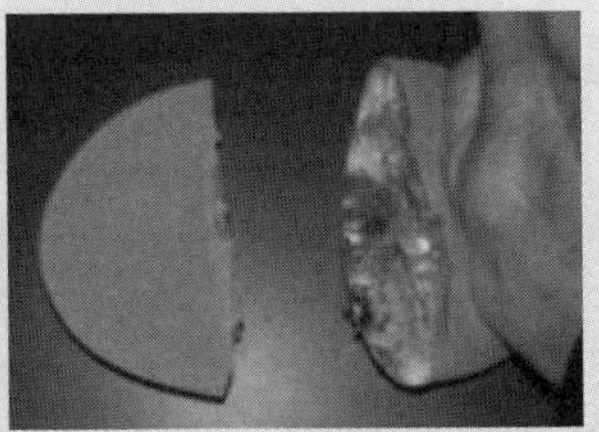

| 그림 75 인공유방, 실리콘 젤형(왼쪽), 반고체형 실리콘(오른쪽) (자료: 서울대학교 병원)

다우코닝 사가 고소인들에게 막대한 금액을 배상하는 것으로 중재되었다. 다우코닝 사는 원래 실리콘 고분자를 발명한 회사로서 실리콘 고무를 코, 귀 등 성형외과용으로 오랫동안 판매하였는데, 의료용 제품 중의 3% 미만인 실리콘 젤 인공유방의 판매로, 큰 어려움을 겪게 된 것이다. 또한 이 사건은 오랫동안 인체에 무해하다고 믿고 써온 재료(물론 제품 형태는 조금 다르지만)가 사건을 일으켰으므로, 다른 회사들도 재료를 새롭게 개발하고 응용하는 것을 두려워하는 경향이 더 심해졌다.

이 사건 이후에 인공유방은 식염수를 실리콘 고무주머니에 넣은 것으로 많이 바뀌어 사용되고 있으나 감촉에 대한 불만이 있어 최근에는 젤형이 아닌 반고체형 실리콘 제품이 새롭게 소개되고 있다.

성형외과용으로 위에서 소개한 몇 가지 고분자재료가 비교적 큰 문제없이 사용되고 있으나, 아직까지 인체에 이상적으로 적합한 소재라고는 볼 수 없다. 부록 1에 '의료용 재료에 대한 인체의 반응'을 모아서 설명하였는데, 재료가 인체에 끼치는 부작용, 즉 이물반응은 개인의 체질에 따라서도 큰 차이가 난다. 예를 들면 귀걸이를 달기 위하여 귓바퀴에 구멍을 뚫었을 때 대부분의 사람들은 3~4일 만에 아물지만, 예민한 사람들은 진물이 계속 나오고 상처가 쉽게 아물지 않는 경우도 있다. 이러한 예민한 사람들은 복잡한 성형수술을 받지 않도록 주의하여야 할 것이다.

Artificial Organs

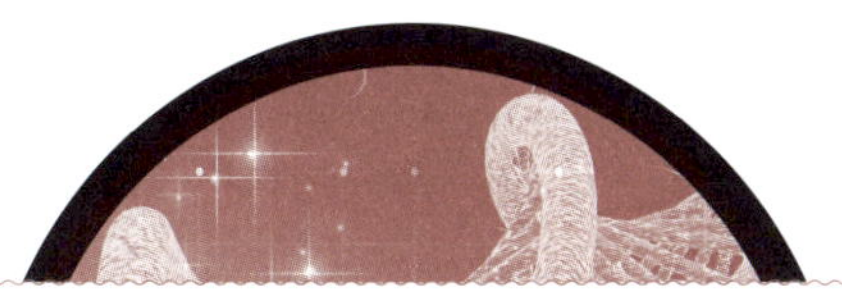

9. 바이오융합형 인공장기

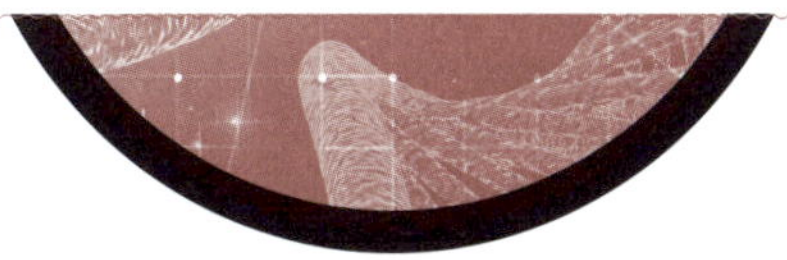

세포의 기능과 재료의 융합

앞에서 현재 사용되고 있는 여러 가지 인공장기들을 그 재료들과 함께 소개하였는데, 인공수정체, 임플란트와 같이 아무런 부작용 없이 만족스럽게 사용되는 경우는 적은 편이고, 인공혈관, 인공관절처럼 문제점을 알면서도 부득이 사용하는 경우가 많다. 또 인공각막과 같이 아직 개발단계인 것도 많다. 즉 아직까지는 인공재료가 생체와 접촉하고 이식될 때 부작용이 적게 일어나는 성질인 생체적합성이 부족하다.

인공신장과 인공심폐기는 고분자 중공사 분리막의 특수한 기능을 활용하여 피 속의 요소를 제거하거나 피에 산소를 공급하는 특수한 일을 하지만, 대부분의 다른 인공장기는 인공심장처럼 피를 펌프하거나 임플란트 및 인공관절과 같이 단순히 인체를 버티게 해 주는 보강기능만 하고 있다.

한편 간, 췌장 등의 장기는 생리적 기능이 매우 복잡하여 인공재료로 이러한 생체기능을 모방하는 것은 도저히 불가능하다. 따라서 세포의 기능을 빌려와 재료와 융합시켜 생체기능을 모방하는 인공장기, 이른바 '바이오융합형 인공장기'를 고안하였다. 세포를 재료와 융합시키는 대표적인 방법은 세포를 재료 표면에서 또는 스펀지형 재료 안의 미세한 구멍 안에서 또는 묵 같은 하이드로젤과 섞어서 배양하는 것이다. 이러한 세포융합형 인공장기는 뒤에서 다룰 '조직공학'과 함께 세포의 생리기능을 그대로 활용하므로 현재 사용하고 있는 인공재료의 한계를 극복하고 실제 인체 장기에 가까운 인공장기의 개발이나 조직재생에 성공할 수 있어 그 파급효과가 엄청날 것으로 기대된다. 따라서 현재 모든 국가가 '바이오융합형 인공장기' 분야에 엄청난 투자를 하고 있다.

인공간

인체의 간은 두 가지 중요한 기능이 있는데, 첫째는 피 속의 독소를 제거하는 것이고 둘째는 알부민 등 중요한 단백질 및 호르몬을 합성하는 것이다. 간은 모든 장기 중에서 혈관시스템과 가장 밀접하게 연결되어 있어서 간을 통과하는 피의 양은 1.5리터/분으로 매우 많고, 체내에 주입되는 약제나 마시는 술도 즉시 간으로 전달되어 제거 작용이 시작된다. 성인의 간의 무게는 약 1.5 kg이며 그중에 세포의 무게가 1.2 kg로서 간세포 한 개의 무게를 생각하면 실로 어마어마한 숫자의 간세포가 있다.

인체의 간은 재생 능력이 뛰어나서 극히 일부분만 살아남아도 간 전체가 쉽게 재생된다. 그러나 간염 바이러스 질환이 많고, 간의 기능이 저하되는 간경화 및 간암 환자도 매우 많다. 다행히 근래에 간 이식 수술이 성공적으로 실행되고 있지만, 제공되는 간의 숫자가 턱 없이 모자란 현실이다.

체내에 잘못 들어온 독극물을 빨리 제거하기 위하여, 예를 들면 아기가 독성 액체를 마셨을 때 피 속에 퍼진 독성 물질을 흡착 제거할 수 있는 혈액제독기가 일찍이 개발되었다. 이 기기는 3장에서 설명한 혈액투석용 중공사 모듈 안에 흡착 성능이 좋은 활성탄소를 코팅한 고분자 미세 구슬들을 넣은 기기로서 피를 통과시키면 활성탄소가 독소를 흡착 제거한다. 그러나 이러한 혈액제독기는 응급처치용 기기에 불과하고 인공장기는 아니다.

인공재료로 이러한 특이한 간의 기능을 모방하기는 불가능하므로 간세포를

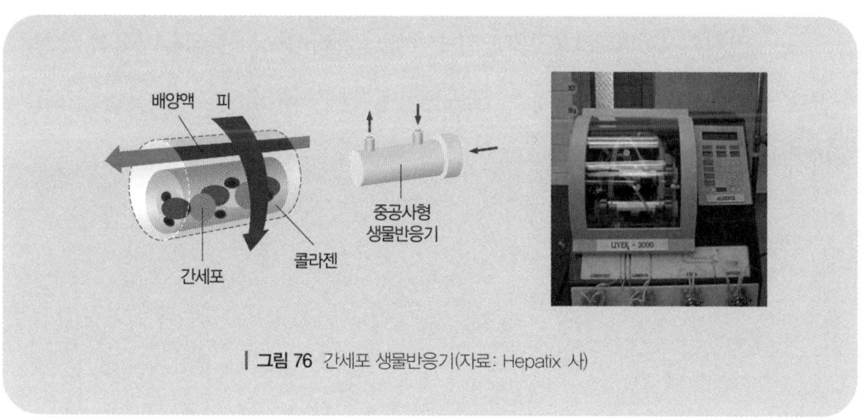

| 그림 76 간세포 생물반응기(자료: Hepatix 사)

재료와 같이 배양하여 인공간을 개발하기 시작하였다. 인공간을 개발할 때에는 우선적으로 독성 물질을 제거하는 것을 목표로 할 것인지, 단백질의 합성 공급을 목표로 할 것인지 결정하여야 하는데, 해당 분야의 의료진도 현재 어느 쪽을 더 목표로 하여야 할지 의견이 나뉘고 있다. 다음은 이 막대한 숫자의 간세포를 어디에서 구하여 배양할 것인가도 숙제이다. 많은 연구자들은 사람보다 얻기 쉬운 돼지의 간세포를 많이 사용하고 있다.

그림 76은 간세포 생물반응기(bioreactor)를 이용한 인공간을 보여 주고 있다. 인공신장으로 쓰이는 것과 같은 형태의 중공사형 생물반응기 안에 간세포를 콜라겐 젤과 같이 넣어서 배양하고, 피를 그 외부로 흘려보내 피 속의 독성을 제거한다. 간세포는 생존기간이 1~2주로 짧아서 실험실에서 배양하기가 어렵고, 간세포 덩어리로 자라면 정상으로 단백질을 합성하지만 콜라겐 젤에서 배양하면 개별 세포로 자라며 단백질을 합성하지 못하는 특성이 있다.

인공간의 시험 모델들의 한계는 두 가지인데, 첫째는 100 g 정도의 돼지 간세포를 사용하는데 실제 인체의 간세포는 1.2 kg이고, 피가 통과하는 양도 100 ml/분으로서 인체의 1,500 ml/분보다 아주 적고, 따라서 그 성능도 아직은 초보적 수준에 불과하다. 그러나 이것은 세포융합형 인공장기의 중요한 첫걸음으로서 의미가 있다고 할 수 있다.

인공췌장

당뇨병은 피 속의 혈당(포도당)이 정상보다 많은 병으로, 현대에 가장 중요한 질병 중의 하나이고, 특히 선진국일수록 환자가 더 많다. 췌장(이자)에는 링게르한스섬이라고 부르는 섬 모양의 조직이 있고 그 안에 있는 소도(小島)세포에서 (그림 77의 오른쪽) 생산되는 인슐린이 인체의 혈당을 조절한다.

당뇨병은 원인에 따라 두 가지로 구분하는데, 소도세포의 기능이 부족하여 생산되는 인슐린이 모자라 혈당이 높아지는 경우를 제1형 당뇨병이라고 하고, 인슐린에 대한 저항성이 증가하여 혈당이 정상적으로 조절되지 않는 경우를 제2형 당뇨병이라고 한다. 제1형 당뇨병 환자들에게는 인슐린을 주사로 공급하여야 하며, 제2형 당뇨병 환자들은 운동, 식이요법, 약제로 치료가 가능하지만 기간이 오래되면 역시 인슐린 주사를 맞아야 하는 경우가 많다. 당뇨병은 특히 병발 증세가 많아서 나쁜데, 혈당이 증가하면 피의 점도가 상승하여 혈압이 높아지고 피를 순환시키기 힘들어지며, 말단 혈관의 순환이 나빠지면 조직의 끝부분

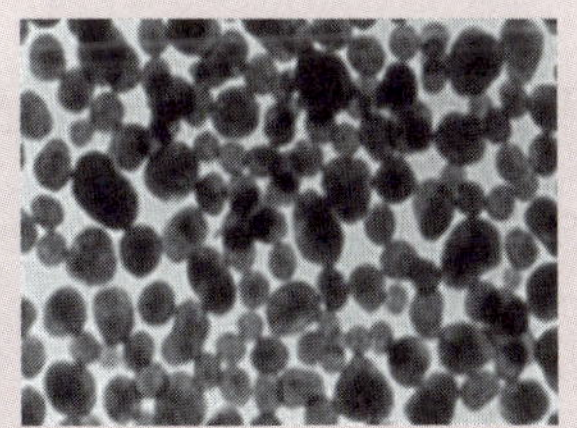

| **그림 77** 췌장(왼쪽)과 인슐린을 생산하는 소도세포(오른쪽)(자료: 서울대학교 병원)

이 죽으므로 손가락 또는 발가락을 잘라야 하는 경우도 생긴다.

인슐린은 단백질이어서 입으로 복용하면 강한 산성인 위 안에서 분해되므로 주사로 혈관 또는 복강(배 안)으로 주입할 수밖에 없다. 따라서 인슐린을 다른 방법으로 체내로 전달하는 방법, 예를 들면 피부에 붙이는 패치형 시스템으로 제조하여 피부를 통하여 전달하는 연구가 많이 수행되고 있다. 그러나 인슐린의 분자량이 4,000 정도로 피부를 투과하기에는 너무 커서 실패하고 있다.

당뇨병 환자에게 다른 사람의 링게르한스섬을 이식하여 인슐린이 생산되도록 시도하지만, 모든 장기이식의 경우와 같이 제공자와 환자의 유전자가 일치하여야 하고 거부반응을 회피하여야 하는 등의 문제를 해결해야 한다.

이 개념을 조금 더 확대하여 링게르한스섬에서 소도세포만 분리하여 증식시킨 후, 소도세포만 체내에 이식시켜서 인슐린을 생산하는 개념이 인공췌장이다. 그러나 돼지나 다른 사람의 소도세포를 그대로 환자에게 이식하면 인체의 방어기구인 백혈구와 대식세포 및 항체의 공격을 받아서 파괴되므로, 소도세포를 대식세포나 항체가 통과할 수 없는 반투막(액체와 크기가 작은 고체는 투과하고 큰 고체는 투과하지 못하는 막)으로 둘러싸서 이식하는 시스템을 고안하였는데, 이러한 개념을 세포의 캡슐화(encapsulation)라고 부른다. 즉 소도세포를 둘러싼 반투막은 항체와 대식세포가 들어오는 것을 막아서 소도세포를 보호하고, 소도세포가 생존하고 성장하는 데 필요한 산소와 영양분은 통과시키고, 소도세포가 생산한 인슐린과 물질대사물도 통과시켜 소도세포가 계속 성장하고 활동하도록 고안된 시스템이다(그림 78).

최초의 성공적인 반투막 재료는 알진산*-폴리라이신*-알진산의 삼중막으로,

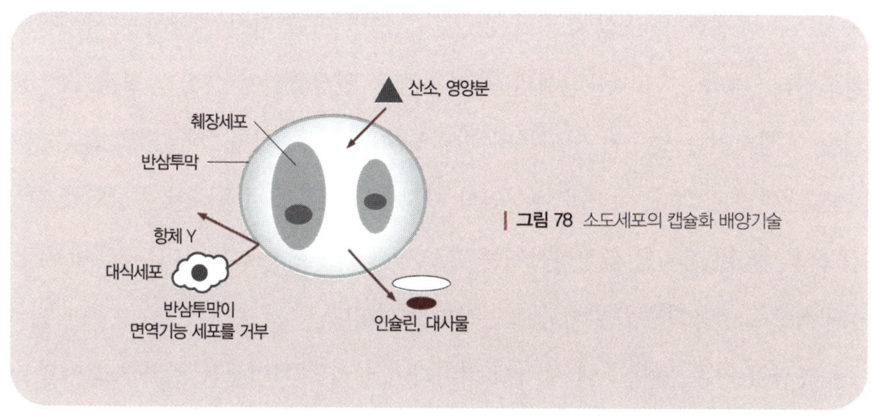

| 그림 78 소도세포의 캡슐화 배양기술

알진산은 카르복실기를 많이 포함하는 음이온성 천연 다당류로서 미역 같은 해조류에 많이 들어 있고, 폴리라이신은 양이온성 아미노산인 라이신의 고분자이므로, 양이온성 고분자와 음이온성 고분자의 결합으로 목적에 맞는 반투막으로 성공한 것으로 생각된다. 근래에 이러한 캡슐화된 소도세포를 동물에 이식한 결과 혈당이 조절되는 것을 확인하였다. 그러나 소도세포를 담는 주머니의 개발, 소도세포의 생존기간(약 2개월) 후 다시 꺼내는 방법 등 해결해야 할 과제가 많이 남아 있어 더 효율적인 소도세포를 둘러싸는 반투막이 개발되어야 한다.

세포치료술

인체는 끊임없이 모든 세포를 새로 만들고 기능이 다한 세포를 제거하는 자율적인 조절기능을 가지고 있으며, 이 세포들은 뼈, 조직, 혈관, 장기 등을 지속적으로 재생한다. 또한 조직이 손상을 입으면 이를 다시 재생하는 시스템도 완전하다. 따라서 이러한 인체의 재생 능력을 활성화하여 손상된 조직이나 장기를 재생하려는 연구가 일찍부터 발달하여 왔는데, 이를 '재생의학(regenerative medicine)'이라고 한다. 이러한 재생의학 관점에서 세포를 이용하여 손상되었거나 기능이 저하된 장기를 활성화시키는 연구가 계속 수행되고 있으며, 근래에 가장 성공적으로 실용화된 분야가 관절연골의 재생이다.

무릎관절 연골은 뼈와 뼈 사이에 위치하여 쉽게 움직이도록 도와주고 마찰을 줄여 주는 역할을 한다. 연골조직의 구조는 앞의 그림 42와 같이 친수성 하이알유론산 + 친수성 황산콘드로이틴* + 소수성 콜라젠 II 섬유가 3차원적인 그물망으로 구성된 매우 특이한 구조로서 이를 대신할 수 있는 인공재료는 없다. 연골이 심하게 손상된 경우에 인공무릎관절을 이식하고 있지만 무릎 근처의 뼈 모양이 개인에 따라 차이가 많아 맞지 않는 경우가 많고 기능에 대하여 불만도 많다.

4장에서 설명하였지만, 연골의 손상이 작은 경우에는 연골 밑의 뼈에 작은 구멍을 뚫어 재생을 촉진하게 하는 미세천공술이나 건강한 부위의 연골을 떼어내어 손상 부위에 심어주는 자가연골이식술이 사용되고 있다. 손상 부위가 4 ㎠ 이상이면 자가연골세포배양이식술을 시도하기도 하는데, 그림 79는 이 세포치료술로 치료한 그림이다. 환자의 정상 부위에서 연골조직을 채취하고 연골세포를 분리하여 배양하고, 보통 약 10일 동안 세포의 수를 10배로 증식시킨다. 이어 500만 개/ml가 넘게 증식한 연골세포를 손상된 연골부위에 주입하고, 주입된 세포가 주위로 빠져나가지 않도록 골막으로 봉합한다.

현재 병원에서 이 시술이 실행되고 있지만 몇 가지 숙제가 있다. 첫째는 연골

그림 79 자가연골세포배양이식술의 치료 부위
(자료: Genzyme 사)

세포의 배양 기술인데, 연골세포는 배양 환경에 따라 기능이 변화할 수 있다. 즉 연골세포를 일반적인 조직배양접시에서 2차원적으로 배양하면 섬유아세포처럼 특성이 변화하므로, 하이드로젤 속에서 3차원적으로 배양하여야 본래의 연골세포 특성이 유지된다. 둘째는 주입된 세포의 효율성이다. 500만 개/ml가 넘는 막대한 수의 연골세포를 주입하지만 그 중에서 얼마나 실질적으로 생존하여 연골조직 재생에 기여하는지는 측정할 수 없다. 이 때문에 가능한 많은 양을 주입하여 치료 효과를 얻으려고 한다.

이러한 세포치료술을 활발하게 시도하는 또 다른 분야는 심장근육과 중추신경의 재생이다. 관상동맥경화로 인한 심장근육경색으로 심장근육의 일부가 기능을 못하는 환자에게 심장근육을 재생하는 세포를 주입하는 것이다. 한편 인체의 말단 신경조직이 손상되면 비록 속도가 느리더라도 재생되지만 중추신경은 전혀 재생되지 않는다.

특히 이 두 분야에는 줄기세포를 주입하여 조직을 재생하려는 연구가 많이 진행되고 있다. 줄기세포는 스스로 증식하기도 하지만 모든 다른 세포로 분화할

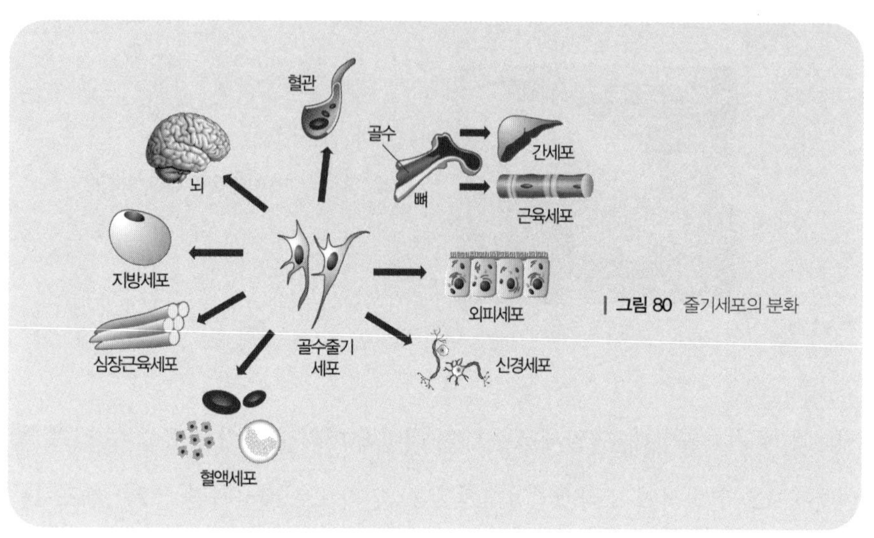

| 그림 80 줄기세포의 분화

수 있는 능력을 가진 세포이다. 난자가 정자에 의하여 수정되면 배아줄기세포가 한 개 생기고, 이 한 세포로부터 뼈, 피, 근육, 모든 장기를 제조하는 여러 가지 세포로 분화된다(그림 80). 배아줄기세포 이외에 성체줄기세포로서 뼈 속 골수에 있는 골수줄기세포, 뱃속의 아기와 연결되는 탯줄 안의 피 속에 존재하는 제대혈줄기세포, 지방 조직에 있는 지방줄기세포가 있다. 성체줄기세포들은 배아줄기세포에 비하여 스스로 증식하는 기능과 다른 세포로의 분화 기능이 떨어지지만 배아줄기세포는 학술적으로 사용하기에 윤리적인 문제가 있어 치료에는 대체로 성체줄기세포를 사용하고 있다. 그중에서도 지방줄기세포는 얻기가 쉽지만 줄기세포로서의 기능이 조금 약하고, 골수줄기세포와 제대혈줄기세포는 그 기능이 크게 떨어지지 않아 치료에 활용하고 있다.

2007년에 줄기세포 분야에서 획기적인 연구 결과가 발표되었다. 일본 교토대학교의 신야 교수가 분화가 끝난 성인 피부세포에 레트로바이러스를 사용하여 유전자를 도입하여 분화 이전의 세포 단계로 거꾸로 돌려 배아줄기세포처럼 모든 기능을 가진 줄기세포를 만든 것이다. 이를 유도만능줄기세포 또는 역분화 줄기세포(iPS세포, induced pluripotent stem cell)라고 한다. 줄기세포를 의료용으로 사용하는 데 있어서 배아줄기세포는 윤리 문제가 있고, 골수줄기세포는 골수에서 채취가 힘들며, 지방줄기세포는 성능이 떨어지는 데 반하여 역분화 줄기세포는 피부세포를 변화시켜 다시 모든 세포로 분화시킬 수 있어 앞으로 큰 응용이 기대된다. 신야 교수는 이 업적으로 2012년 노벨 생리학 의학상을 수상하였다.

최근에는 줄기세포를 이용한 세포치료법이 많이 시도되고 있다. 예를 들면 심장근육경색 환자의 심장 혈관에 줄기세포를 주입하면 스스로 심장근육이 손상된 부위로 이동하여 재생을 시작한다는 것이다. 그러나 현재 주입된 줄기세포 중에 얼마나 심장근육세포로 분화되고 조직 재생에 얼마나 기여하고 있는지 모르고, 그 효과가 일정하지 않다는 문제점이 있다. 이것을 개선하기 위하여 줄기세포를 담아서 운반하는 효과적인 세포전달체의 개발이 필요하다. 또한 줄기세포를 실험실에서 목표로 하는 특정 세포로 미리 분화시킨 후에 주입하는 등 많은 연구과제가 수행되고 있다.

현재 줄기세포를 이용하는 세포치료기술은 이외에도 중추신경, 백혈병 치료를 위한 조혈세포, 당뇨병을 치료하기 위하여 인슐린을 생산하는 소도세포, 화상을 재생하는 피부세포 분야가 매우 활발하게 연구되고 있다.

조직공학

조직공학(tissue engineering)이란 체내분해성 스펀지형 지지체(scaffolds 라고 부름)에 세포를 파종하고 배양하면 세포가 자라면서 장기 및 조직을 만드는 동시에 지지체가 천천히 분해 소멸되어 장기 및 조직으로 대체되는 기술이다. 즉 앞에서 이야기한 세포치료술을 개선 확대하기 위하여 세포를 지지체와 같이 넣어 주는 것이다. 실제로 체내에서 세포는 다당류와 콜라젠으로 구성된 기질(세포외기질이라고 부름) 위에 앉아 있고(그림 82), 세포는 세포외기질과 주위 다른 세포들과 정보를 교환하고 있다. 따라서 조직공학의 근본 목표는 세포에게 인체의 세포외기질과 대등한 환경을 만들어 주어 세포가 잘 자라서 조직을 생성하게 하는 것이다.

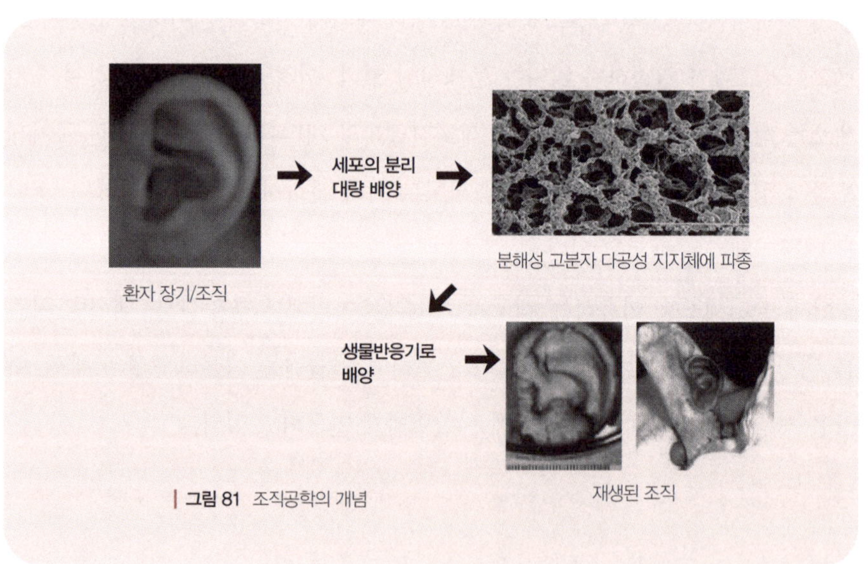

| 그림 81 조직공학의 개념

따라서 조직공학의 3대 요소는 좋은 세포, 세포가 잘 자라는 지지체, 세포의 배양을 촉진시키는 기술이다. 첫째로, 세포는 재생을 목표로 하는 장기 또는 조직으로부터 분리 배양하는데, 면역문제가 있으므로 환자 자신의 세포 또는 줄기세포를 사용하고 있다. 줄기세포로부터 특정 세포로 분화시키는 조건을 찾기 위하여 많은 노력을 경주하고 있으나, 이론적으로 체계적인 접근이 어렵고 대부분 단순한 경험에 의하여 실험을 반복하고 있다.

둘째로, 세포가 잘 부착되고 잘 자라는 스펀지형 지지체가 필요하다. 스펀지의 미세구멍이 서로 잘 연결되어야 세포가 자라는 데 필요한 영양분과 물질대사 물질이 잘 운반된다. 또한 초기에는 강도가 적당하게 버티어 주고, 세포가 자라서 장기 또는 조직을 생성하는 속도에 맞추어 지지체도 적당한 속도로 분해되어야 한다. 특히 지지체는 세포에 대한 친화성이 우수하여야 세포가 잘 부착되고 잘 배양된다.

스펀지형 지지체로는 분해되지 않는 세라믹도 가끔 사용되지만, 대부분은 체내에서 분해되는 천연고분자인 콜라젠이나 내장점막 물질을 쓰고, 더 일반적으로는 체내분해성 합성고분자를 사용한다. 이러한 체내분해성 합성고분자는 일찍부터 수술봉합사 및 분해성 나사못 등으로 개발되어 있는데, 폴리글리콜산*과 폴리락트산*이 대표적이다. 이 중에 폴리글리콜산은 좀 더 강하고 질량분해기간이 3개월인 반면에 폴리락트산은 보다 약하고 질량분해기간이 1년 이상으로 길다. 글리콜산과 락트산을 혼합하면 분해기간을 조절할 수 있다. 이들 분해성 합성고분자의 단점은 소수성이므로 물을 좋아하는 세포의 부착과 성장이 친수성 재료인 콜라젠보다 떨어진다는 점이다. 따라서 소수성 지지체의 세포친화성을

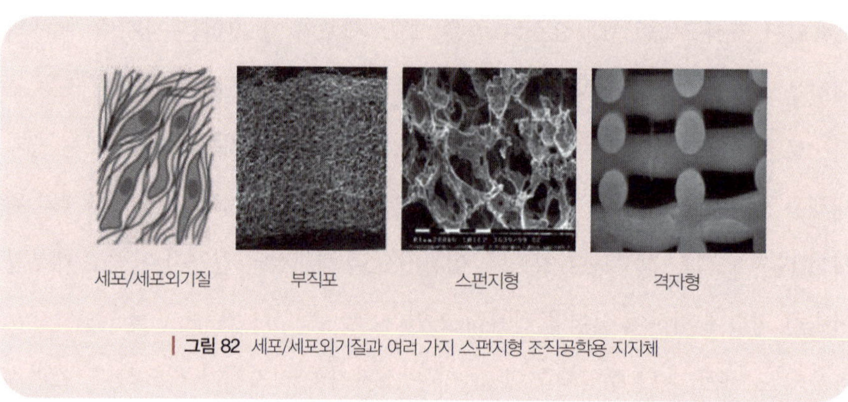

| **그림 82** 세포/세포외기질과 여러 가지 스펀지형 조직공학용 지지체

개선하기 위하여 표면에 세포와 친한 단백질을 코팅하는 등 많은 방법을 시도하고 있다.

또한 스펀지 미세구멍의 크기가 세포의 부착과 성장에 영향을 주므로 각 세포의 종류에 따라 가장 적절한 미세구멍의 크기를 연구하고 있다. 미세구멍의 크기가 균일하고 서로 잘 연결된 스펀지 지지체를 제조하기 위하여 여러 가지 제조법이 개발되었는데, 섬유로 부직포(직포로 짜지 않고 짧은 단섬유를 무질서하게 시트로 만들고 서로 가볍게 결합시킴)를 제조하는 방법, 고분자 용액에 소금을 섞어서 형틀에 넣어 건조시켜 지지체를 만들고 소금을 물로 녹여내는 방법, 고분자 용액을 특정 조건에서 고분자만 침전시키는 방법, 높은 전압의 공간에서 고분자 용액을 아주 미세한 실로 뽑는 전기방사로 마이크로~나노섬유를 제조하는 방법, 컴퓨터로 구멍의 크기와 분포를 설계하고 녹인 고분자를 가느다란 국수 모양으로 뽑아서 굳혀 격자형으로 제조하는 방법 등 모든 아이디어를 동원하고 있다(그림 82). 최근에는 앞의 5장에서 소개한 3차원 인쇄술로 정밀한 지지체를 제조하는 방법도 개발되었고, 살아있는 세포를 3차원 프린터를 사용하여 특정 형태로 쌓는 데도 성공하였다.

이러한 모든 방법이 개발되었지만, 세포가 잘 붙어 성장하고 목적하는 조직 또는 장기로 재생되는 이상적인 지지체는 달성하기 어려운 것이 현실이다. 따라서 최근에는 인체의 장기를 채취하여 세포를 제거하고 조직공학의 지지체로 사용하려는 연구가 시도되고 있다. 즉 인체의 신장(콩팥)을 채취하여 세포를 제거하고, 환자로부터 새롭게 분리 배양한 신장세포를 파종하여 신장을 재생시키는 방법이다.

셋째로 세포를 배양하고 조직/장기를 생성하는 것을 촉진하도록 세포 성장을 조절하는 여러 가지 단백질 및 성장인자를 사용하고 있다. 실제로 체내에서 이들 성장인자들이 세포의 분화, 이동, 분열, 증식 등 모든 활동을 조절하고 있다. 현재까지 알려진 성장인자의 수는 십여 가지인데, 상세한 조절기구 등은 아직 완전히 이해하지 못하고 있다. 현재 특정 세포에 관련하는 성장인자의 정체를 확인하고 조절기구를 밝히고 응용하는 연구가 많이 진행되고 있다. 내장점막 물질 및 PRP(platelet rich plasma, 혈소판풍부 혈장)에는 이러한 성장인자들이 많이 존재하므로 조직공학에 유용하게 시도되고 있다.

세포들이 지지체에 잘 붙고 자라서 조직을 재생하는 단계에서 새로운 혈관들이 만들어져 산소와 영양분이 세포들에게 잘 전달되어야 하므로, 새 혈관의 생성은 조직공학의 성패를 좌우하는 매우 중요한 단계이다.

조직공학과 인공장기

조직공학은 잠재력이 크므로 현재 모든 장기와 조직을 대상으로 개발이 진행되고 있다. 그중에서 성공적으로 진행되어 임상에 적용되는 단계에 가깝게 도달한 분야는 피부, 방광, 연골과 혈관을 꼽을 수 있다.

현재까지 조직공학으로 장기와 조직을 재생하는 데 성공한 예들을 모아 보았다. 1997년에 조직공학에 의한 재생피부가 미국의 Advanced Tissue Science 사에 의하여 상품화되어 조직공학의 발전을 과시하였다. 이 재생피부는 신생아의 포피(남성의 귀두를 덮는 피부) 피부세포를 배양하여 피부를 재생하였고, 가격은 2×3

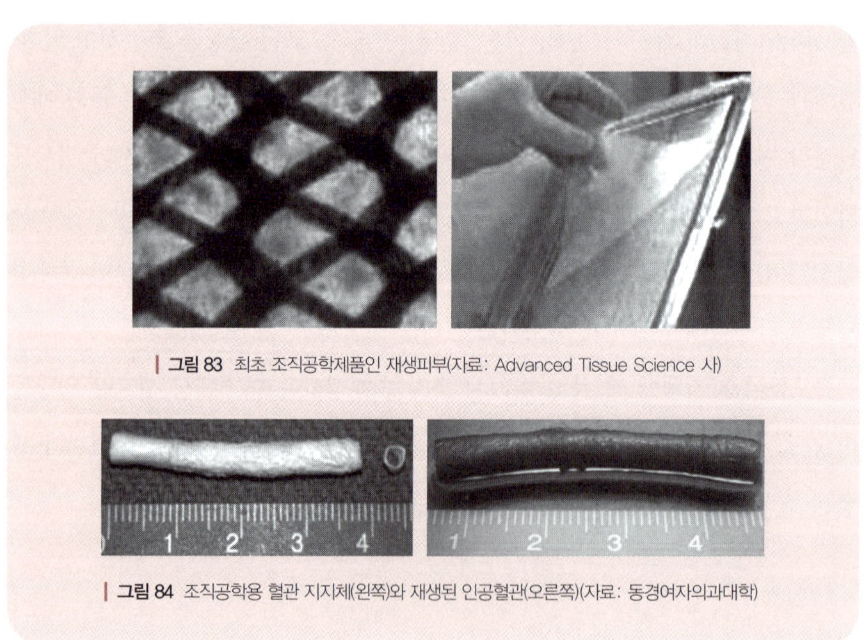

| 그림 83 최초 조직공학제품인 재생피부(자료: Advanced Tissue Science 사)

| 그림 84 조직공학용 혈관 지지체(왼쪽)와 재생된 인공혈관(오른쪽)(자료: 동경여자의과대학)

인치 크기의 시트가 400달러로서 매우 비쌌으나, 이전의 다른 인공피부와는 다르게 인체의 피부와 완전히 동등하였다. 그러나 불행하게도 개발회사가 2002년에 운영이 어려워 파산되어 생산이 중단되었다.

일본 동경여자의과대학에서는 2000년에 혈관 재생에 성공하였다. 심장에서 폐로 가는 폐동맥을 재생하였는데, 그림 84의 왼쪽과 같이 체내분해성 고분자 섬유로 만든 직경 1센티미터 정도의 튜브형 지지체를 심장과 폐 사이에 연결하고 환자의 골수줄기세포를 분리하여 지지체에 파종한 결과 혈관이 재생되는 임상시험에 성공한 것이다. 첫 번째 임상환자는 연구를 주도한 오카 교수의 친구의 어린 딸이었다고 알려져 있는데, 이러한 조직공학으로 혈관을 재생시키는 연구가 많은 동물실험을 통하여 안전하고 희망적이라는 사실이 입증되었다고 하지만, 과학에 대한 믿음으로 최초로 자기 딸에게 조직공학 기술을 적용한 부모의 결심이 대단하다고 생각한다. 만일 이 소녀 환자에게 인공혈관을 이식하였다면 소녀가 자라면서 계속 큰 크기로 바꾸어 주는 큰 수술을 반복하여야 하지만,

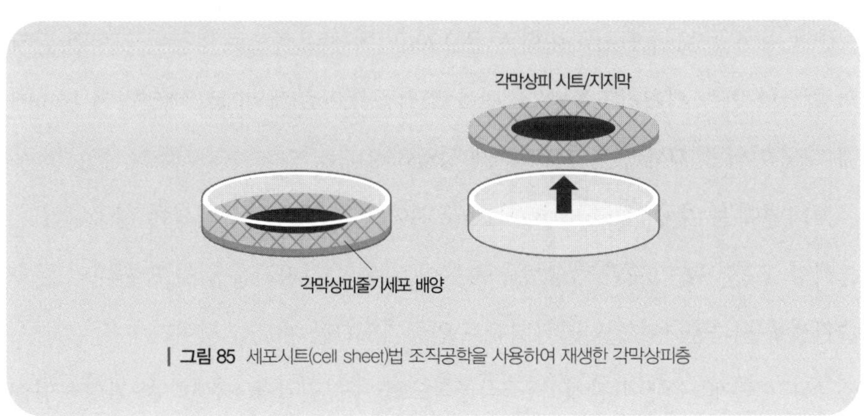

| 그림 85 세포시트(cell sheet)법 조직공학을 사용하여 재생한 각막상피층

재생혈관은 신체와 같이 자라므로 이러한 문제가 없다.

또한 동경여자의과대학교의 첨단생명의과학연구소 오카노 교수 팀에서는 2002년 이후로 세포시트 기술(cell sheet, 세포를 시트 형태로 배양하여 기존 인체 조직에 덧붙일 수 있음)을 사용하여 심장근육, 각막, 식도를 부분적으로 재생하는 데 성공하였다. 단, 각막의 경우에는 각막내피층을 포함한 전 층의 재생은 아니고 각막상피층을 재생하는 데만 성공하였다. 그림 85는 각막상피줄기세포를 배양한 세포시트를 지지막으로 옮겨서 안구 위에 붙여 각막을 재생하는 데 성공한 그림이다. 비록 전체 각막층이 아니고 각막상피층만 성공하였지만 아시아에서는 안구 기증이 매우 적고 사고나 약품으로 인하여 각막상피층만 손상되는 환자도 많으므로 그 치료 효과는 매우 클 것으로 기대된다. 현재 이 기술은 일본뿐만 아니라 프랑스 등 여러 나라에서 임상에 적용하기 시작하였다.

또한 오카노 교수 팀은 심근경색을 심하게 앓고 있는 환자의 심장근육세포를 배양하여 얻은 세포시트를 환자의 심장조직에 덧붙여서 심근경색을 완치시키는 큰 성공을 보여 주었다.

한편 미국의 Wake Forest 대학 팀은 2006년에 선천적으로 방광이 기형인 환자의 방광의 반을 제거하고 나머지 반을 조직공학으로 체외에서 배양하여 환자에게 다시 이식 접합시키는 임상시험에 성공하였다.

2014년에는 미국 Harvard Bioscience 사가 인공기도관의 재생에 성공하였다. 분해성 고분자를 미세한 합성섬유로 뽑아 원통형 지지체를 만들고 환자의 골수줄기세포를 파종하여 조직공학기술로 인공기도관을 제조한 것이다.

그리고 현재 여러 기관에서 조직공학으로 무릎연골을 재생하는 임상시험을

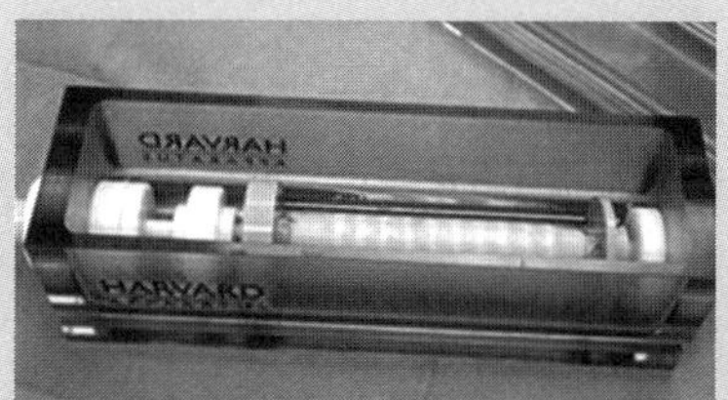

| **그림 86** 조직공학으로 제조된 인공기도관(자료: Harvard Bioscience 사)

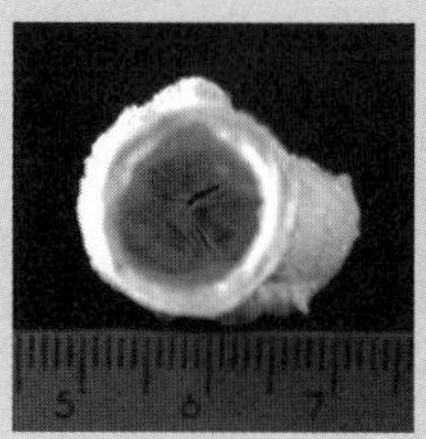

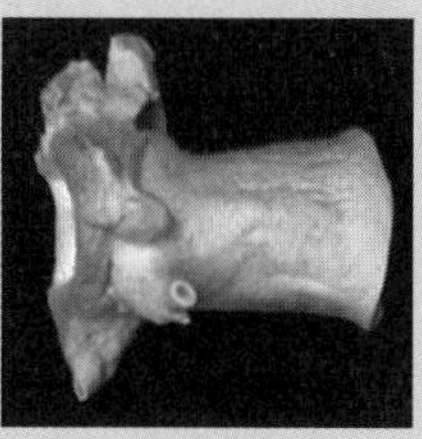

| **그림 87** 조직공학으로 재생된 인공심장판막

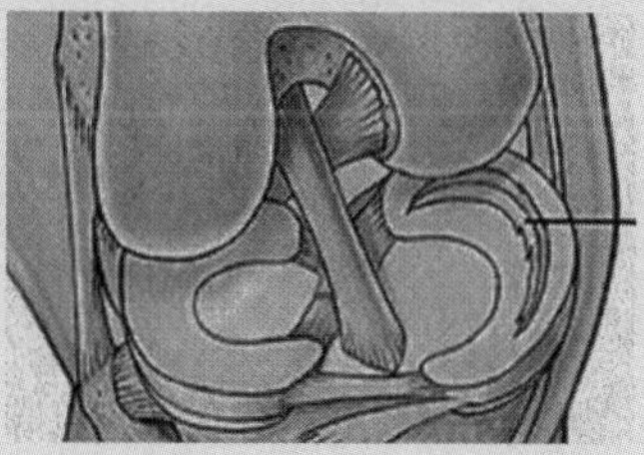
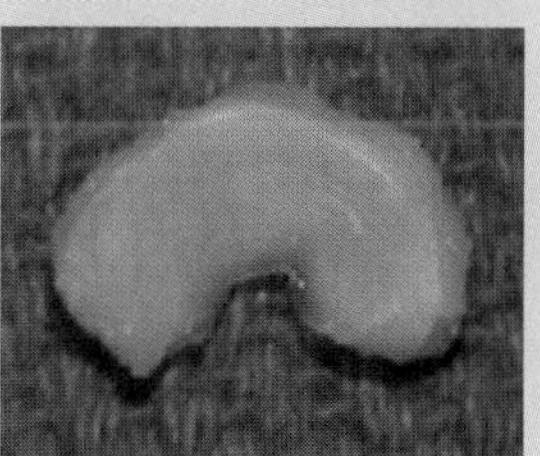

| **그림 88** 조직공학으로 재생된 무릎반월판

하고 있다. 조직공학에 의한 연골의 재생은 지지체를 사용하므로 단순히 연골세포만 주입하는 자가연골세포 배양이식술보다 세포의 생존율과 재생에 참여하는 효율이 크게 개선되었는데, 이 점이 바로 조직공학이 우월한 점이다. 그러나 재생된 연골의 강도가 인체의 연골보다는 조금 떨어지고 있는 것이 현실이다.

이외에도 뼈, 심장판막, 치주인대, 신경, 무릎연골반월판 등 실제로 모든 장기와 조직을 대상으로 연구가 진행되고 있다. 근래에 조직공학에 대한 연구의 열기는 매우 뜨거워서 세계 각국이 앞다투어 투자를 집중하고 있다. 따라서 조직공학으로 인체의 모든 장기와 조직이 재생되는 세상도 그다지 멀지 않았다고 생각된다.

부록

1. 의료용 재료에 대한 인체의 반응

인체는 화학적으로 매우 활동적인 시스템이다. 인체에는 염 화합물 이온이 많고, 단백질과 효소도 많으며, 전체적으로는 중성이지만 위장 등 국부적으로 산성이 높은 부위도 있다. 백혈구와 대식세포는 외부에서 들어오는 박테리아를 죽이기 위하여 강력한 산화제와 효소를 방출하는데, 금속을 체내에 이식하면 이러한 산화제에 의하여 산화되고 부식되어 금속이온을 방출하고, 고분자에 따라서는 가수분해되기도 한다. 그리고 단백질과 생체분자들이 재료 표면에 흡착되면 형태가 변화한다.

인공재료가 생체와 접촉하면 그림 2와 같은 복잡한 상호작용이 일어나는데, 이 반응들은 연속적으로 또 서로 연결되어 촉진하면서 일어난다. 이 모든 반응들은 기본적으로 인체를 방어하는 시스템 작동에 의하여 시작된다.

첫 번째 반응은 재료 표면에 순간적으로 단백질이 흡착되어 변형된다. 따라서 인체의 피나 세포는 재료를 접촉하는 것이 아니고 재료 표면에 흡착 변형된 단백질을 접촉하게 되므로 단백질의 흡착은 뒤따라 일어나는 피 및 세포와의 작용을 좌우한다. 체내의 단백질은 종류가 많고 크기와 재료와의 활성이 모두 다르다. 이들 단백질은 원래 체액에 녹아 있었으나 표면에 흡착되는 순간에 변형되므로, 흡착되는 단백질의 원래 모습을 분석할 수 없는 것도 이 분야를 연구하기에 어려운 점이다. 현재 많은 연구에도 불구하고 재료 표면의 화학적, 물리적 성질 및 평탄도에 따르는 여러 가지 단백질의 흡착 성향에 대하여 정확하고 통일된 지식이 부족하다.

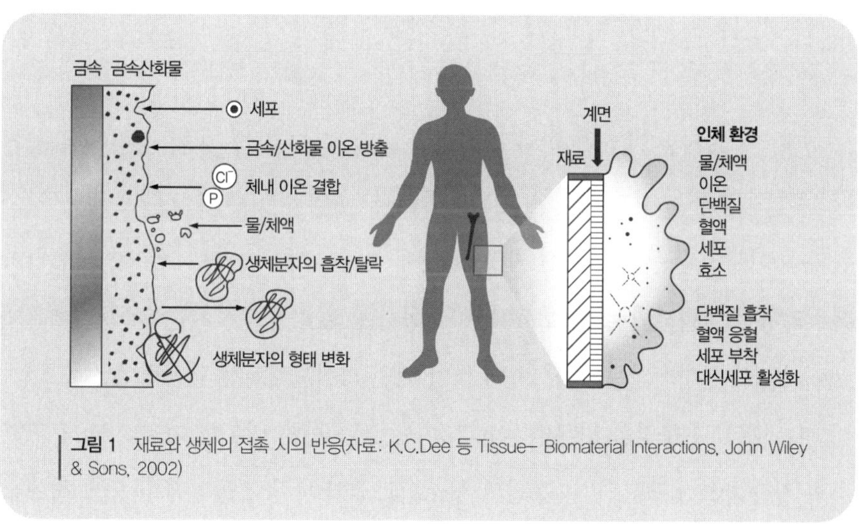

그림 1 재료와 생체의 접촉 시의 반응(자료: K.C.Dee 등 Tissue– Biomaterial Interactions, John Wiley & Sons, 2002)

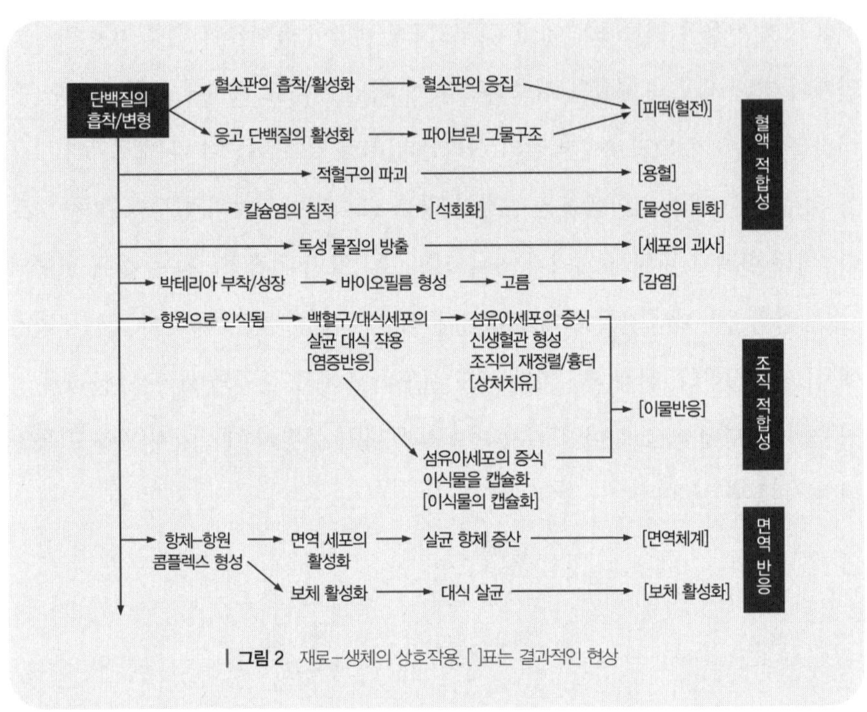

| **그림 2** 재료-생체의 상호작용. [ ]표는 결과적인 현상

단백질이 흡착된 재료가 피와 접촉하면 피가 '응고'된다. 이는 상처에서 출혈된 피가 응고하는 것과 똑같은 메커니즘이다. 피의 응고를 주도하는 것은 혈소판과 파이브리노젠이다. 우선 재료 표면에 (실제로는 흡착된 단백질 표면에) 혈소판이 흡착되어 활성화되면서 서로 응집한다. 동시에 피를 응고시키는 단백질들이 (응고인자로 부름) 활성화되는데, 피 속에 녹아 있던 파이브리노젠 단백질이 서로 엉켜서 파이브린* 그물망을 만든다. 이 과정에는 트롬빈을 비롯한 여러 가지 응고인자와 칼슘이온이 필요하다. 응집된 혈소판과 파이브린 그물망에 나중에 적혈구가 같이 엉켜 붙은 것이 곧 '피떡(혈전)'이다.

표 1. 피의 조성

혈장 55%	단백질 7%: 알부민 40 mg/ml 글로블린 18 mg/ml 파이브리노젠 3 mg/ml 등
	이온: Na^{+}, K^{+}, Ca^{++}, Cl^{-}, PO_4^{-3}
세포 45%	적혈구 (크기 7 ㎛), 40만~600만 개/ml 백혈구 (크기 12~25 ㎛) 5천~만 개/ml 혈소판 (크기 3 ㎛) 25만~40만 개/ml

헤파린을 주입하면 피의 응고가 방지되는데, 헤파린은 체내에서 생산되는 천연 다당류로서 피를 응고시키는 트롬빈의 기능을 막아서 피의 응고를 방지한다. 헤파린 이외에도 피의 응고를 막는 약제가 여러 개 개발되어 있고, 금속 인공심장판막을 이식받은 환자는 평생 이러한 약제를 복용하여야 한다. 일반적인 해열진통제인 아스피린도 혈소판의 응집과 활성화를 억제하여 피의 응고를 방지한다. 고혈압 환자 및 관상동맥이 좁아진 환자에게 적은 양의 아스피린을 매일 먹도록 처방하는 이유도 피의 응고를 막아서 뇌출혈을 예방하기 위해서이다. 또한 피를 저장하거나 운반하는 용기 안에 구연산(시트린산) 등을 미리 넣어두면, 구연산이 피 속의 칼슘이온과 결합하여 제거하므로 피의 응고를 막아 준다.

재료가 독성 물질을 방출하는 경우에 적혈구가 파괴되기도 하는데, 이를 '용혈'이라고 부른다.

생체조직 인공심장판막처럼 체내에 이식되어 오랫동안 지나면 칼슘화합물이 재료 내부에 쌓여서(석회화라고 부름) 딱딱하여지고 결국 찢어진다. 석회화의 근본 원인은 살아있는 세포는 세포 안의 칼슘 농도를 세포 외부보다 10,000분의 1 정도로 작게 유지하도록 칼슘을 세포 밖으로 배출하는 시스템이 있으며, 인공재료의 경우는 이 시스템이 없어서 칼슘이온이 재료 내부로 확산되어 들어오고 인산이온과 만나서 인산칼슘을 형성하여 퇴적되므로, 자연현상인 칼슘이온의 확산을 막을 수 없다. 석회화는 인체의 혈관벽에도 일어나고, 이식물이 부드러우면 모든 경우에 발생한다.

재료가 피와 접촉하여 얼마나 피떡을 형성하고 칼슘화와 용혈이 일어나는 정도인가를 '혈액적합성(blood compatibility)'이라고 한다. 혈액적합성이 좋은 재료는 피떡도 덜 생기고 칼슘화와 용혈이 적게 일어나며, 인공신장, 인공심장, 인공심폐기에 응용하기에 적당하다. 피가 전혀 응고되지 않는 '항혈전성' 재료의 개발

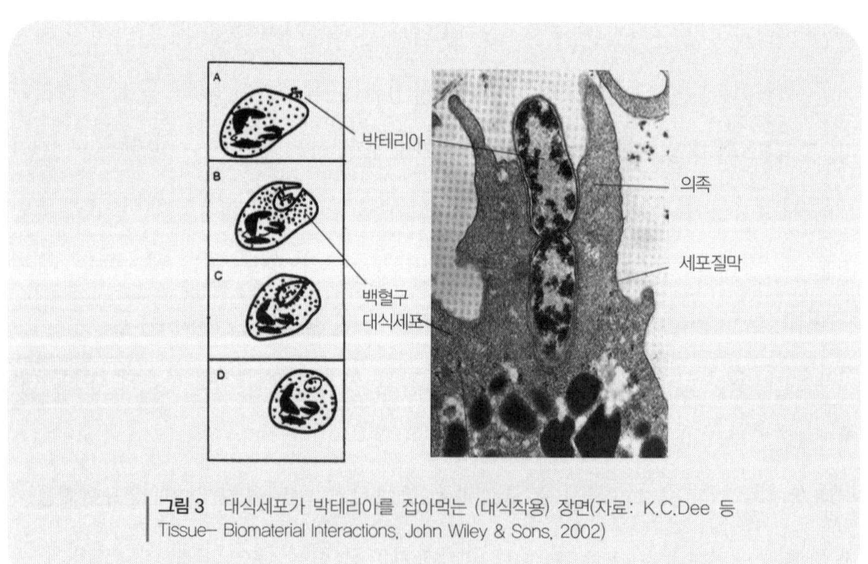

그림 3 대식세포가 박테리아를 잡아먹는 (대식작용) 장면(자료: K.C.Dee 등 Tissue– Biomaterial Interactions, John Wiley & Sons, 2002)

은 영원한 숙제이다.

모든 세포는 일정하고 계획된 수명이 있다. 이와 다르게 재료가 독성 물질을 방출하여 세포가 갑자기 죽는 현상을 '괴사'라고 부른다.

인체는 백혈구와 대식세포가 여러 겹으로 방어하고 있다. 체내로 들어오는 재료는 마치 박테리아처럼 단순히 해로운 외부물질(항원이라고 부름)로 인식되어 백혈구 및 대식세포의 공격을 받는다. 또 이식수술 과정에서 외부에서 들어올 수 있는 박테리아도 공격의 대상이 된다. 대식세포들은 이물질을 둘러싸고 강력한 산화제와 효소를 방출하여 파괴하고 먹어 치우려고 하는데, 이 살균하는 과정을 '염증반응'이라고 한다. 그림 3의 오른쪽은 백혈구와 대식세포가 의족으로 박테리아를 둘러싸서 파괴하고 먹어버리는, 즉 살균하는 과정이다.

그러나 재료 표면에 흡착된 박테리아가 체내로 들어와 이러한 체내 방어기구를 뚫고 번식하는 것이 가능하며, 박테리아가 무리를 만들어 자체 방어막인 바이오필름을 (다당류로 조성됨) 형성하면 항생제도 뚫고 들어가기 힘들다. 살상된 박테리아와 살균 기능이 다한 백혈구는 '고름'이라고 부르는 찌꺼기를 구성한다. 이렇게 박테리아의 침입으로 고름이 생성되는 경우를 '감염'이라고 부른다. 근래에 성능이 좋은 항생제가 많이 발명되었음에도 불구하고, 실제로는 모든 수술의 10% 이상이 단순한 감염으로 실패하고 있다. 따라서 인공장기나 의료용 재료를 개발할 때 처음부터 이들을 소독 살균하는 방법도 함께 고려하여야 한다.

그러나 실제의 경우와 같이 이식물이 너무 크면 대식세포가 먹어 치울 수 없으므로, 대신에 이식물 주위의 섬유아세포를 활성화시켜 이식물을 새로운 '근육조직으로 캡슐화'하여 인체와 격리시켜 인체를 보호한다. 체내의 혈당 또는 산소 농도를 지속적으로 모니터하기 위하여 피부 밑에 이식하는 센서를 개발하는 경우에, 이 센서들이 실험실에서는 기능이 완전하지만 체내에 이식한 후에는 단백질이 흡착되고 섬유조직으로 캡슐화되어 그 기능을 발휘하지 못하게 된다.

염증반응(살균과정)이 끝나면 이식 수술로 손상된 조직을 재생하기 시작한다. 섬유아세포가 상처로 이동하고 혈관이 새로 생기며 조직이 활발히 재생된다. 이때 세포들이 어떻게 손상된 장소를 찾아서 이동하고 재생활동을 시작할까? 우리 인체의 구조와 기능은 신비의 연속이다. 재생되는 조직은 재정렬되며 '흉터'를 남긴다. 재생된 조직의 조성은 원래의 조직과 조금 다르고 강도도 약하다. 이 과정을 '상처 치유(wound healing)'라고 부른다.

염증반응, 조직의 캡슐화 및 상처 치유의 전 과정을 '이물반응'이라고 부르며, 이 과정은 연속적으로 진행된다. 재료가 생체와 접촉하여 이러한 '이물반응'이 적으면 생체에 적합하다는 의미의 '생체적합성이 좋다'라고 표현한다. 재료의 생체적합성이 좋으면 염증반응이 정상적으로 약하게 3~4일 만에 빠르게 지나가고, 캡슐화된 두께도 얇다. 생체적합성이 나쁘면 염증반응이 심하고 정상보다 오래 걸리며 두꺼운 캡슐이 생긴다. 또한 이러한 이물반응은 재료의 종류는 물론이고 사람에 따라서도 차이가 크다.

'면역'은 인체의 고도로 발달한 방어시스템이다. 백혈구 및 대식세포에 의한 대식작용(염증반응)은 들어오는 침입자의 종류에 관계없이 작동하지만, 면역작용은 침입자의 정체를 정확하게 인식하고 공격한다. 인체에는 외부에서 들어오는 침입자(항원)를 정확하게 대항하여 잡아먹는 항체가 준비되어 있는데, 체내의 항체의 종류는 수백만 개이다. 예를 들면 인체는 '이 침입자는 민들레의 꽃가루에서 나온 단백질'이라고 인식하고 정확하게 구조적으로 그에 맞는 항체가 출동하여 잡아먹는 한편, 이 꽃가루 단백질을 기억하고 그에 맞는 항체를 생산하여 비축한다. 이 면역시스템이 활성화되면 항체와 더불어 또 다른 강력한 살균세포가 나서서 항원을 파괴하는 한편 항체의 생산도 증가시킨다. 어떤 재료가 이러한 면역시스템을 지나치게 자극하면 인체에 적용하기 곤란하다.

인체가 손상되는 경우에 스스로 재생하는 능력은 탁월하다. 그러나 좋은 목적으로 인공장기를 이식하여도 그 치료와 수술과정에서 조직과 혈관이 손상되므로 인체는 이를 재생하려고 활성화되고, 경우에 따라서는 지나치게 재생이 진행된다. 막힌 관상동맥을 풍선카데타 및 스텐트로 확장할 때에도 시술과정에서 손상된 혈관내피층을 재생하려는 평활근세포의 활동이 너무 커서 혈관내벽 조직이 비정상적으로 크게 자라나서 그 부위에 재협착이 일어나는 것이다. 또한 인공혈관을 신체의 혈관과 연결하면 그 연결 부위가 과잉 재생되어 문제를 일으킨다.

금속, 세라믹, 고분자 중에서 금속은 부식되어 금속이온을 체내로 방출하는 단점이 있고, 금속은 양이온성인데 반하여 인체의 조직과 피는 주로 전기적 음성이므로 전기적 인력에 의하여 피와 상호작용이 커서 피를 제일 잘 응고시킨다. 세라믹은 가장 생체적합성이 우수하여 인체에 끼치는 부작용이 적다. 오히려 인산칼슘계의 세라믹은 인체의 뼈와 비슷한 조성이므로 뼈세포와 친하여 세라믹 표면과 접촉되는 뼈의 성장을 촉진하는 이점이 있다. 고분자는 종류가 다양하여 생체적합성도 차이가 크지만, 대체로 인체에 끼치는 부작용이 적은 편이다.

2. 의료용 재료

재료는 금속, 세라믹, 고분자와 복합재로 나눈다. 이들은 조성과 결합의 종류가 틀리고 결과적으로 기계적 강도도 차이가 크다. 복합재(composites)는 두 가지 재료를 섞은 것으로, 주로 고분자에 금속, 세라믹 또는 강한 섬유들을 섞어 제조한다. 재료가 힘을 받으면 형태와 크기가 변한다. 이 힘을 응력(stress)이라고 하고, 응력에 의하여 길이 또는 폭이 변하는 정도를 변형(strain)이라고 한다. 위의 재료들은 응력-변형 곡선의 모양이 그림 4와 같이 서로 다르다. 재료들의 강도와 탄성을 숫자로 정확히 비교하기 위하여 몇 가지 용어들을 사용한다.

금속과 세라믹은 강경하다. 즉 큰 응력이 걸려도 변형이 작고, 아주 작은 변형에서 파괴된다. 잡아당겨서 끊어지는 점, 즉 응력-변형 곡선의 최대점에서의 강도를 최종 인장강도라고 하고, 이때의 변형을 파단 연신률이라고 부른다. 금속

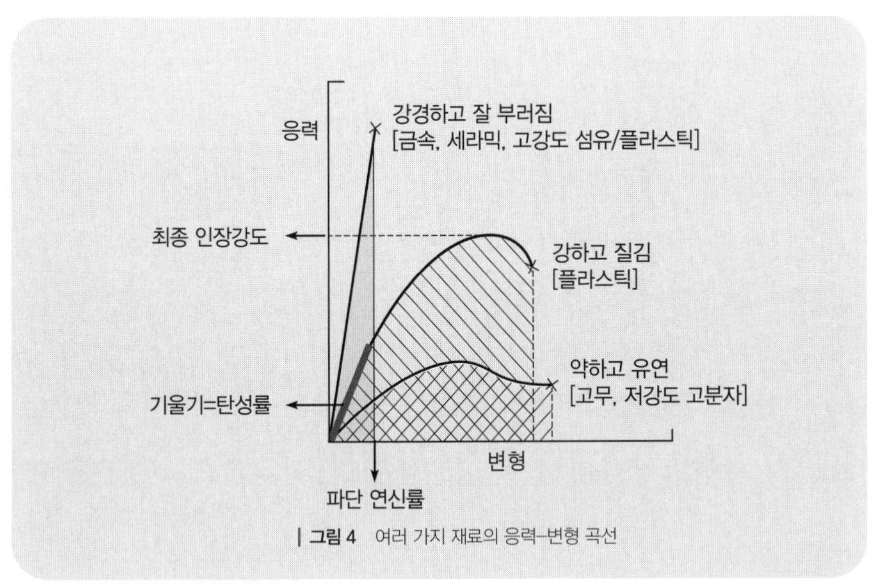

| **그림 4** 여러 가지 재료의 응력–변형 곡선

과 세라믹의 파단 연신률은 매우 작고, 이러한 성질을 brittle하다고 부른다. 응력/변형의 비율을 탄성률이라고 부르는데, 예를 들면 금속과 세라믹의 탄성률은 매우 크다. 반면 고무는 약하고 부드럽다. 즉 응력이 작아도 변형이 크고 탄성률이 낮다. 플라스틱은 종류에 따라 차이가 많지만, 강도도 강하고 파단 연신률도 커서 질기다고 표현한다.

재료의 용도에 따라서 측정하는 강도의 종류는 그림 5와 같이 당기는 인장강도, 누르는 압축강도, 휘는 곡강도, 뒤틀리는 뒤틀림(전단)강도이다. 재료의 종류에 따라 또는 같은 재료라도 이들 강도의 숫자는 매우 다르다. 금속은 인장강도와 압축강도 모두 크지만, 세라믹은 압축강도는 크지만 인장강도는 작다.

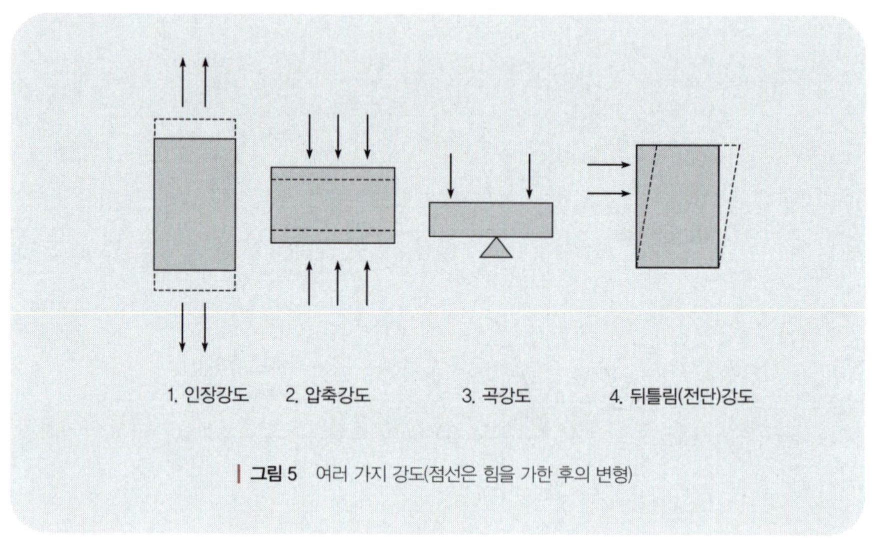

| 그림 5 여러 가지 강도(점선은 힘을 가한 후의 변형)

금속

금속은 가장 오래된 소재로서 강하고 딱딱하지만 부식되기 쉽다. 용도에 따라서 여러 금속을 혼합한 합금이 많이 개발되어 있고, 의료용 금속은 특히 부식에 잘 견디는 종류로서 몇 가지에 불과하다. 부식은 전기화학적인 산화과정으로, 철은 산화되어 산화철이 되면 산소 침투를 막지 못하므로 계속 산화되며 녹이 쓴다. 그러나 티타늄, 알루미늄, 크롬, 망가니즈, 니켈 등은 산화된 표면이 치밀하여 산소를 더 이상 투과시키지 않아서 산화가 중단된다. 이러한 성질을 이용하여 스텐인리스 스틸은 철에 니켈, 크롬, 망가니즈 등을 혼합하여 산화를 막아 녹이 쓸지 않는 금속으로 개발된 것이다. 스텐인리스 스틸은 조성에 따라 몇

표 2. 의료용 금속의 특성 비교

금속	조성 무게%	비중 (g/cm3)	인장 탄성률 (G Pa)	인장 강도 (M Pa)	특성
316 L 스텐인리스 스틸	크롬 17 몰리브덴 2 망가니즈 2 이하 니켈 10 철 69 이상	8.8	190	590~ 1,350	강함
코발트- 크롬- 몰리브덴	크롬 28 몰리브덴 6 망가니즈 1 이하 니켈 1 이하 코발트 62 이상	7.8	230	660~ 1,900	제일 강함
티타늄	티타늄 100	4.5	110	760	가볍고 조금 약함 뼈 친화성
티타늄- 알루미늄6- 바나듐4	알루미늄 6 바나듐 4 티타늄 90	4.5	120	970~ 1,100	가볍고 조금 약함 뼈 친화성
니티놀	니켈 ~50 티타늄 ~50	6.5	80	195~ 690	형상기억기능 탄성
마그네슘 합금 WE-43	지르코늄 0.6 이트리움 4.0 희토류 3.4 마그네슘 91 이상	1.8	44	280	경량 약함 체내분해성
치밀뼈	수산화아파타이트 칼슘	1.8~ 2.1	15~30	70~150	

가지 종류가 있는데, 의료용은 그 중에서도 가장 부식이 되지 않는 316L 조성을 사용한다.

표 2에 의료용 금속의 조성, 비중, 강도 및 특성을 요약 비교하였다. ASTM (American Standards for Testing of Materials)에는 이러한 의료용 금속들의 조성에 대하여

정확하게 규정하고 있다. 인장탄성률이란 재료의 강한 성질을 나타내는 척도이고, 인장강도는 잡아당겨서 파괴되는 강도이다. 금속은 강하므로 하중이 많이 걸리는 뼈 부위에 적용되는데, 뼈보다 너무 강하여 접촉 시에 뼈를 손상시키는 경우가 있다. 여러 합금 중에 코발트-크롬-몰리브덴 합금이 제일 강하고, 티타늄이 상대적으로 제일 약하다. 특히 티타늄계 금속은 가볍고 너무 강하지 않으며 뼈세포와 친하므로 인체에 이식되는 인공고관절과 임플란트 등의 재료로 많이 쓰인다.

이러한 특수합금들이 체내에서 전혀 부식되지 않을 것으로 기대하지만, 인체의 내부는 금속에게는 매우 가혹한 조건이다. 즉 체내에는 금속의 산화를 촉진하는 염 화합물 이온이 (예로서 소금) 많고 백혈구들은 외부에서 들어오는 박테리아를 죽이기 위하여 강한 산화제를 분비하므로, 실제로는 이러한 특수합금들도 표면이 미세하게 산화 부식되어 금속이온이 체내로 방출된다. 따라서 이러한 합금으로 제조된 인공고관절을 이식한 환자의 체액, 혈액, 침 등에서 정상보다 높은 수치의 금속이온들이 검출되고 있고, 수술이 잘못되어 인공고관절의 기능이 나쁘면 방출되는 농도도 더 높다.

실제로 인체에는 여러 가지 종류의 금속이온들이 녹아 있고, 여러 가지 필수적인 기능을 하고 있다. 표 3에 체내의 금속이온들의 종류와 농도 및 기능을 정리하였다.

마그네슘, 칼슘, 아연, 망가니즈, 실리콘은 필수 원소로 분류되고, 리튬, 알루미늄, 지르코늄, 희토류 금속들은 필요한 기능도 있지만 농도가 정상보다 크면 독성을 나타내며, 납, 카드뮴, 구리 등의 중금속은 매우 해롭다.

표 3. 체내에 있는 금속이온의 농도와 기능

원소	혈중 농도	하루 섭취 허용량	생리적 기능	과량 시 독성
마그네슘	0.9 mmol/L	0.7 g	효소의 활성화, 단백질 합성, 근육 수축	없음
칼슘	1.3 mmol/L	0.8 g	뼈/치아의 성분, 피의 응고	담석, 칼슘대사 이상
아연	0.046 mmol/L	15 mg	효소들의 기능 조절	신경 독성, 뼈 발육 부진
망가니즈	0.001 mmol/L	4 mg	효소들의 기능 조절, 부족하면 골다공증, 당뇨병 동맥경화,	신경 독성
실리콘	–	–	조직의 가교, 뼈의 성장	산화실리콘에 의한 진폐병
리튬	2~4 ng/g	0.2~0.6 mg		신장 기능, 중추신경
알루미늄	2.1~4.8 ㎍	총 농도 300 mg 이하		신경 독성, 뼈에 쌓임
지르코늄	250 ㎍ 이하	3.5 mg		과량 시 간 독성
희토류	47 ㎍ 이하			뼈, 간에 쌓임

이외에 의료용으로 사용되는 특수한 금속은 니티놀과 마그네슘합금이다. 니티놀(Nitinol)은 닉켈과 티타늄이 약 50:50으로 섞인 합금으로서 탄성이 매우 크고 특이하게 형상기억기능이 있다. 즉 이 재료는 가열하면 가열하기 이전의 형태로 돌아가는 기능이 있으므로, 이 독특한 기능을 이용하여 치열교정기구와 접어서 체내에 삽입하고 체온에 의하여 확장되는 스텐트들이 상품화되었고, 다른 용도로도 응용되고 있다. 니티놀의 강도는 티타늄보다 조금 더 약하다.

마그네슘합금은 원래 비중이 2g/cm³ 이하로 가볍고 강하며 고온에 잘 견디므로 300°C에서도 운전될 수 있는 항공기용 경량 엔진 재료로 개발된 것이다. 그러나 특수한 조성의 마그네슘합금이 물속에서 (즉 체내에서) 부식 분해되는 것을 이용하여 체내분해성 의료기구로 개발하고 있다. 그중에서 마그네슘합금 WE-43은 마그네슘에 소량의 이트리움(Yttrium)과 희토류 금속을 첨가한 조성으로서, 체내에서 분해되는 스텐트용 재료로 개발되어 임상시험 결과 체내 분해속도가 최대 4개월로 스텐트로 적용하기에는 분해가 너무 빠르다고 평가되고 있다. 또한 일부 마그네슘합금은 분해되면서 수소를 방출하는 문제점이 있다. 그러나 마그네슘합금은 체내에서 분해되는 다른 고분자보다 월등하게 강하므로 다른 체내분해성 의료기기 재료로 응용이 기대된다.

세라믹

인체에 사용되는 세라믹을 바이오세라믹(bioceramics)이라고 부른다. 바이오세라믹은 화학조성에 따라 크게 금속산화물계와 유리 또는 결정화유리계로 구분한다. 금속산화물계에는 알루미나, 지르코니아, 수산화아파타이트(hydroxyapatite), β-인산삼칼슘(tricalcium phosphate, β-TCP), 칼슘메타인산(calcium metaphosphate, CMP) 등이 있고, 유리/결정화유리계에는 바이오글라스(Bioglass)와 아파타이트-월라스토나이트(apatite-wollastonite, A-W 결정화유리) 등이 있다.

세라믹도 금속 못지않게 강하고, 알루미나와 지르코니아와 같은 세라믹은 인체에 대한 부작용이 가장 적으므로 생체불활성 재료로 분류한다. 인체의 뼈와 치아는 콜라젠과 인산칼슘계 세라믹인 수산화아파타이트로 이루어진 복합재이다. 따라서 인산칼슘계 세라믹인 수산화아파타이트 또는 조성은 다르지만 바이오글라스는 뼈세포에 대한 친화성이 높아서 뼈세포의 부착 성장을 촉진하는 (생체활성) 장점이 있다. 또한 삼인산칼슘과 칼슘메타인산은 체내에서 분해되므로 분해성 고분자와 섞어서 강도 높은 분해성 복합재를 만들 수 있다.

모든 세라믹 재료는 형상을 만든 후에 높은 온도에서 구어서 (소결, sintering) 완

표 4. 바이오세라믹의 특성 비교

구분	알루미나	지르코니아	바이오글라스 45S5	수산화 아파타이트	인산 삼칼슘
조성	Al_2O_3	ZrO_2	SiO_2 45 무게% Na_2O 25 % CaO 25 % P_2O_3 6 %	$Ca_{10}(PO_4)_6$ $(OH)_2$	$Ca_3(PO_4)_2$
밀도(g/cm^3)	3.9	6.0	1.9	3.16	3.14
인장탄성율(G Pa)	380	205	33	40~120	
인장강도(M Pa)			70	38~300	
곡강도(M Pa)	350	1,400	50	38~250	92
압축강도(M Pa)	2,500	2,000	500	120~150	
경도 ($Hv_{0.3}$)	1,700	1,350	460		
파괴인성 (MPam$^{1/2}$)	4.5	10.0	0.7~1.1	0.8~1.2	
특성	생체불활성	생체불활성	생체활성	생체활성	체내분해성

비교: 판유리의 조성은 SiO_2 65~75무게%, Na_2O 10~20%, CaO 5~15%,
E-glass(유리섬유)는 SiO_2 55무게%, Al_2O_3 15%, B_2O_3 7%, CaO 19%,

성하므로, 조성은 물론 소결 조건에 따라서도 강도가 달라진다. 세라믹의 가공 방법은 상대적으로 한정되어 있고, 인체 내에서 요구되는 기능에 따라 벌크제품, 분말, 코팅, 복합재 제품으로 다르게 사용되므로 각각 다른 공정으로 제조된다.

표 4에 대표적인 바이오세라믹의 조성과 물성을 비교하였다.

알루미나는 압축강도(눌러서 파괴되는 강도)와 인장강도(잡아당겨서 끊어지는 강도)가 높고 경도(硬度, hardness)도 아주 강하고 단단한 세라믹이다. 또한 표면이 다른 재료와 부딪칠 때 마찰이 적고 잘 닳아버리지 않으므로 큰 하중이 걸리는 인공고관절의 골두 공으로 20년 이상 사용되었다. 그러나 알루미나는 파괴인성(fracture toughness)이 낮아 충격에 약하므로, 드물지만 인공고관절을 이식한 환자가 뛰어내릴 때 골두 공이 파괴되었다는 보고들이 있어서 문제가 제기된 적이 있다. 알루미나 제품은 대부분 매우 미세한 알루미나 분말을 금형 안에 넣고 높은 압력을 가하여 모양을 만든 후 약 1700℃에서 소결하여 제조한다.

지르코니아도 알루미나와 비슷하게 강도가 높은 불활성 세라믹이다. 알루미나보다 압축강도와 경도는 약간 떨어지지만 대신에 곡강도(구부려서 파괴되는 강도)와 파괴인성이 높아서 충격에 더 강한 이점이 있다. 순수한 지르코니아는 온도에 따라 상(相, phase)이 변하는데, 약 1700℃에서 소결한 후에 상온으로 냉각하는 중에 1170℃에서 정방정(tetragonal 결정형)에서 단사정(monoclinic)으로 상이 변하면서 약 5%의 부피가 팽창되므로, 균열이 발생한다. 그러나 이트리아와 같은 산화물을 첨가하면 냉각 중에 상이 바뀌지 않아서 균열을 방지할 수 있다. 이렇게 안정화된 지르코니아는 파괴인성이 매우 높으며, 역시 인공고관절의 골두 공으로 적용되고 있다.

수산화아파타이트(hydroxyapatite, HA)는 뼈를 구성하고 있는 인산칼슘과 조성이 비슷하다. 그러나 조금 더 자세히 말하면, 인공적으로 합성한 HA의 화학식은 $Ca_{10}(PO_4)_6(OH)_2$이지만 뼈에 존재하는 HA는 칼슘이 모자라고 인산염의 일부가 탄산염으로 바뀌었고 결정성이 낮다. HA를 체내에 이식하면 HA 결정 표면에 뼈와 유사한 아파타이트 층이 생기고 계속하여 뼈와 아파타이트 사이에 직접적 결합이 생기면서 새로 생기는 뼈와 화학적으로 결합하는 생체활성을 보인다.

그러나 HA는 강도가 약하고 파괴인성도 낮아서 쉽게 부서지고, 인체의 피질뼈보다도 약하다. 따라서 HA는 하중이 적은 부위, 뼈 충전재용 가루 또는 금속 인공고관절이나 임플란트 표면의 코팅 물질로서 응용되고 있다. 이외에도 인산칼슘계 세라믹을 주입형 젤 형태로 개발하여 뼈를 대신하는 충전재로 개발되고 있다.

β-인산삼칼슘(β-TCP)은 체내에서 분해되는 특징이 있다. 따라서 생분해성 고분자와 혼합하여 강도가 증가된 생분해성 복합재로 응용되고 있고, HA와 혼합하여 생분해성 세라믹으로도 개발되고 있다.

생체활성 유리나 결정화 유리는 체내에서 그 표면에 탄산 HA층이 만들어져서 뼈세포와 친한 활성을 보인다. 이 재료는 뼈 결합용 소재로 이상적이나, 강도와 파괴인성이 낮아서 주로 하중이 작은 부위에만 사용되고 있다.

바이오글라스(Bioglass®)는 1970년 미국의 헨취(Hench) 교수가 발명한 특수 조성(45S5)의 유리이다. 바이오글라스는 창유리에 비해 SiO_2의 함량이 적고 대신에 Na_2O와 CaO의 함량이 많으며 뼈의 성분 중의 하나인 P_2O_5를 함유하고 있다. 바이오글라스 45S5는 강도가 낮아 치밀뼈와 비슷한 수준이고, Ca/P 비율이 높아서 수산화아파타이트를 잘 형성하여 뼈세포와 친한 것으로 분석되었다. 바이오글라스는 중이(中耳)의 인공이소골 및 턱뼈용 이식재로 실용화되었다.

초기에 개발된 바이오글라스는 쉽게 파괴되고 알칼리 성분을 많이 포함하여 체내에서 물에 쉽게 녹아버리는 단점이 있었다. 따라서 이를 해결하기 위하여 아파타이트와 월라스토나이트(wollastonite) 결정을 석출시킨 A-W 결정화유리 세라본(Cerabone®), 아파타이트 결정을 석출시킨 결정화유리 세라바이탈(Ceravital®) 등이 개발되었다. 특히 고쿠보(Kokubo) 교수가 개발한 A-W 결정화유리는 피질골에 비교하여 강도는 오히려 높고 파괴인성은 다소 떨어지지만 기계적 가공이 가능하여 형상을 자유롭게 만들 수 있어 인공척추뼈, 디스크 등으로 많이 사용되고 있다.

종합적으로 보면, 바이오세라믹은 강하고 단단하며 인체에 대한 부작용이 매우 적은 (생체불활성의) 소재이다. 또한 인산칼슘계 세라믹은 뼈의 성분과 비슷하므로 뼈세포의 접착과 성장을 증가시키는 (생체활성) 장점이 있다. 그러나 세라믹은 충격에 약하여 깨지기 쉬운 치명적 약점이 있어 금속이나 플라스틱과 경쟁하기 어려운 경우가 있다.

고분자 (플라스틱, 합성섬유, 고무)

고분자는 단위구조가 반복적으로 긴 국수 모양으로 결합된 유기물이다. 이중결합을 포함하거나 관능기가 2개이거나 고리화합물인 원료를 (단량체라고 함) 화학적으로 연결하여 (중합이라고 부름) 제조하는데, 반복단위의 개수(중합도라고 부름)가 몇 백 개에서 몇 천 개, 많은 경우는 몇 만 개에 이르는 거대분자(고분자 또는 중합체로 부름)를 형성하는 것으로서, 마치 많은 구슬을 긴 실로 연결하는 것과 같다. 고분자의 길이, 즉 고분자의 분자량 = 단량체의 분자량 × 중합도가 된다.

인공고관절의 금속기둥을 뼈 속에 삽입할 때 고정시키는 골시멘트는 액체인 단량체 MMA를 뼈 속에 같이 넣어 중합시켜 딱딱한 PMMA로 고체화되면서 고정시키는 것이다(그림 6).

고분자는 단량체의 구조와 화학결합의 강도에 따라, 비유하자면 구슬의 종류와 실의 강도에 따라, 강하거나 약한 물성을 얻게 되고, 구조와 강도가 다른 단량체를 섞으면 그 강도를 조절할 수 있다. 고분자 국수들은 (chain, 고리로 부름) 마치 삶은 자장면 국수 모양과 같이 서로 엉켜 있는데(그림 7의 왼쪽), 고분자의 강도는 고리의 길이와 고리 사이의 인력에서 나온다. 양초와 폴리에틸렌의 단량체는 같

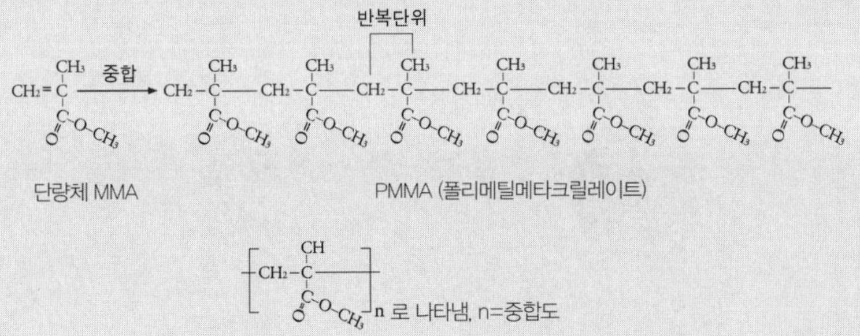

반복단위

중합

단량체 MMA

PMMA (폴리메틸메타크릴레이트)

n 로 나타냄, n=중합도

| 그림 6 액체 단량체 MMA가 고체 고분자 PMMA로 중합됨.

은 에틸렌이지만, 양초의 중합도는 20개 미만으로 아주 짧은 국수라서 약한 반면에, 폴리에틸렌 필름의 중합도는 수천~수만으로 아주 긴 국수이고 국수 사이의 인력이 커서 강하다.

고분자 고리들은 열을 받으면 움직이기 시작하고 높은 온도에서 흐르기 시작한다. 고분자 고리 사이의 인력이 크면 실온에서는 딱딱하고 온도가 높으면 부드러워지는데 (열가소성으로 부름), 이러한 고분자가 플라스틱(합성수지)이다(그림 7의 가운데). 그러나 고분자 고리를 서로 연결하는 추가적 결합이 있어 그물망 구조를 이루면 (가교, crosslink라고 부름) 가열하여도 움직이지 못한다(열경화성)(그림 7의 오른쪽). 반면에 고리 사이의 인력이 약하면 고리들이 실온에서도 항상 움직이므로 부드럽고 탄성이 있는데, 이를 고무라고 한다. 타이어는 원래 부드러운 고무 재료이지만 제조과정에서 가교시켜 그물망 구조로 만들므로 부드럽지만 탄성이 있고 가열하여도 흐르지 않는다. 섬유는 플라스틱을 실로 가늘게 뽑아서 잡아당겨 늘린 모양으로 강도가 더 강하다. 즉 고분자는 상온에서의 성질에 따라 크게 플라스틱(합성수지), 고무, 섬유 그리고 접착성 고분자(페인트, 접착제)로 분류한다.

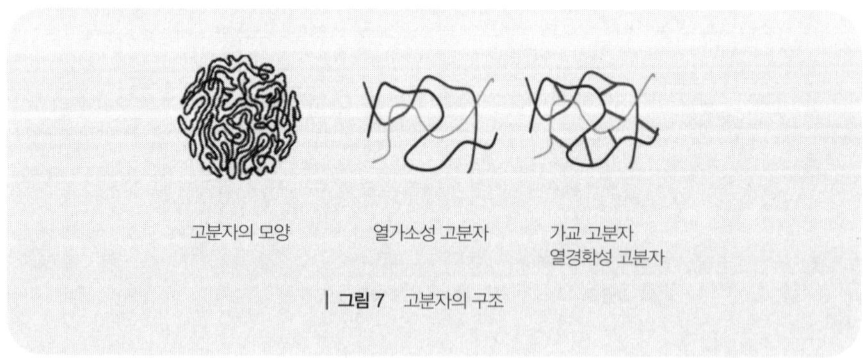

그림 7 고분자의 구조

플라스틱을 보통 비닐이라고 부르는데, 우리나라에 처음으로 소개된 플라스틱이 폴리염화비닐(poly(vinyl chloride), PVC, 염화비닐수지)*이다. 폴리염화비닐은 파이프, 포장 필름으로 쓰이는 일반 플라스틱으로서 혈액 백, 혈액회로로도 많이 사용하고 있다. 이 폴리염화비닐을 줄여서 비닐이라고 부르는 것이다.

고분자는 유기물이어서 금속 및 세라믹보다 열에 약한 단점이 있는 반면에 낮은 온도에서 녹여서 필름, 관, 시트, 특수한 모양으로 다양하게 가공할 수 있는 장점이 있다. 고분자의 종류는 매우 다양하고 용도 또한 여러 가지이다.

일부 특수한 고분자는 매우 강하면서도 가볍고 부식되지 않으므로 금속 대신 사용되고 있는데, 이러한 고분자를 '엔지니어링 플라스틱'이라고 하고, 기계부품, 자동차부품, 전자부품, 건축재 등으로 많이 쓰이고 있다. 그 중에서 폴리설폰과 PEEK는 새롭게 의료용으로 적용되고 있다.

고분자는 의료용 재료로서, 특히 금속 및 세라믹보다 몇 가지 우월한 점이 있다. 우선 가볍고 체내에서 부식되지 않는다. 또 관, 섬유, 중공사, 스펀지 등 다양한 모양으로 쉽게 가공할 수 있으며, 화학적으로 관능기를 도입하여 특수한 성질을 부여하거나 표면 성질을 변화시킬 수 있다. 그러나 고분자는 유기물로서 무기물인 금속 및 세라믹보다 강도가 약하고 열에도 약하며 특히 물에 약한 구조도 있어서 체내에서 분해되어 강도가 약해질 수 있으므로 주의하여 선택 사용하여야 한다. 한편 고분자의 강도는 뼈보다 약하거나 비슷한 수준이다. 금속 및 세라믹이 너무 강하여 뼈 부위와 접촉할 때 뼈가 손상되기도 하지만, 고분자는 이러한 문제점이 없다. 오히려 고분자는 약하므로 주로 하중을 적게 받는 부위에 사용하여야 한다.

표 5에 몇 가지 고분자의 강도를 비교하였다. 파단연신율이란 인장강도를 측정할 때 잡아당겨 끊어진 시점에서 시편의 길이가 늘어난 정도이고, 클수록 재료가 많이 늘어난 것을 의미한다. 폴리메틸메타크릴레이트와 폴리락트산은 강하지만 당겨도 늘어나지 않는 딱딱한 플라스틱이고, 테플론(폴리테트라플루오로에틸렌)은 강도가 높지 않고 많이 늘어나는 고분자이다. 또 실리콘은 약하고 쉽게 늘어나는 고무이며, 폴리에스터(폴리에틸렌테레프탈레이드), 폴리에틸렌, 폴리프로필렌은 강도도 크고 당기면 많이 늘어나는 강하고 질긴 플라스틱이다.

인체는 천연고분자인 핵산, 단백질과 다당류로 구성되어 있다. 단백질의 단량체는 아미노산이고, 체내에는 20개의 아미노산들이 있다. 인체는 이 아미노산

표 5. 고분자의 강도 비교

종류	인장탄성률 (G Pa)	인장강도 (M Pa)	파단 연신율 (%)
폴리메틸메타크릴레이트(PMMA)	2.2	30	1.4
폴리에스터 PET(폴리에틸렌테레프탈레이트)	2.1	53	300
폴리락트산	1.2~3	28~50	4
폴리프로필렌(PP)	1.1~1.6	28~36	400~900
테플론(폴리테트라플루오로에틸렌)	0.5	17~28	120~350
실리콘 고무	0.1	2.8	160
초고분자량 폴리에틸렌	4~12	35 이상	300 이상
피질뼈	15~30	70~150	

들을 중합하여 크기와 구조가 다른 수만 가지의 단백질을 합성하는 것이다. 5개의 아미노산으로 구성된 아주 작은 단백질을 합성한다고 하더라도 20개의 아미노산 중에서 선택하는 경우가 5번이므로, 만들 수 있는 단백질의 수는 20^5개(320만 개)의 정말로 많은 종류의 단백질을 만들 수 있는 것이다. 체내의 단백질은 작은 것이라도 최소 수백 개의 아미노산으로 구성되어 있으므로 가능한 조성의 수는 상상할 수 없을 정도로 어마어마한 숫자이다. 또한 특정 아미노산의 조성은 그 단백질의 고유한 3차원적인 구조를 결정하고, 이 독특한 3차원적 구조는 그 단백질의 생리적 기능을 결정하게 된다. 따라서 인체는 다양한 기능을 가진 수많은 단백질을 합성하여 조직을 구성하고 뼈를 만들며 장기를 생성하고 효소와 성장호르몬을 만들어 신체를 움직이는 것이다. 또한 포도당 및 비슷한 당 단량

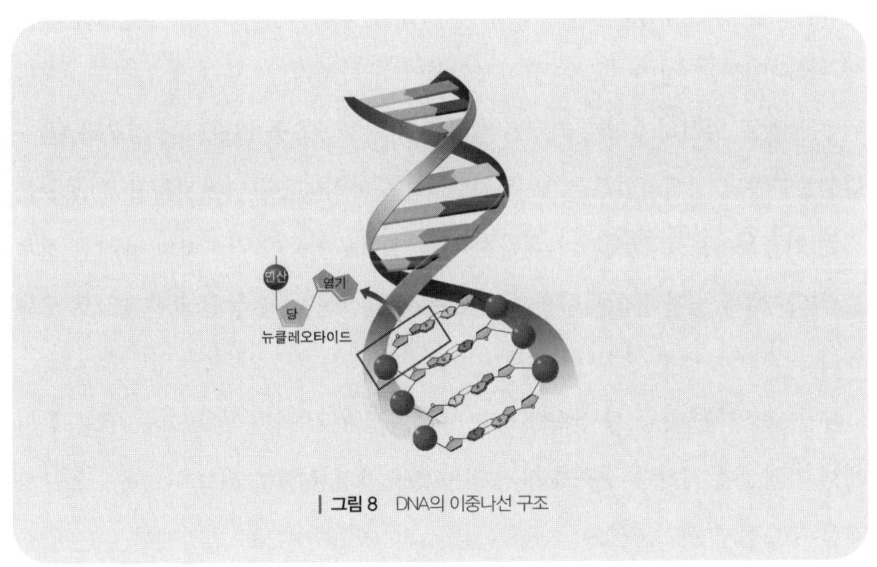

| 그림 8 DNA의 이중나선 구조

체로부터 다양한 다당류를 만들고, 많은 단백질은 여러 가지 다당류와 결합하여 또 다른 성질을 나타낸다.

핵산은 아데닌(adenine, A), 구아닌(guanine, G), 사이토신(cytosine, C), 타이민(thymine, T)의 4가지 염기성 화합물이 리보스(ribose, RNA 경우) 또는 디옥시리보스(deoxyribose, DNA 경우)라는 5각형 당 화합물과 결합되고, 이 염기-당 화합물이 다시 인산결합으로 연결된 고분자로서, 2개의 염기가 서로 마주보고 (A은 T, G은 C) 짝짓는 (base pairs) 이중 헬릭스 구조이다(그림 8). 이 염기의 배열순서가 유전정보를 담고 있는데, 세포 안에서 단백질을 합성할 때 한 핵산의 염기가 결합 운반할 수 있는 아미노산이 서로 정하여져 있으므로, 염기의 배열순서에 따라 정해진 아미노산이 순서대로 합성되어 고유한 단백질이 합성된다. 즉 DNA에 담긴 유전정보가 고유한 단백질의 합성을 통하여 전달되는 것이다.

천연고분자와 합성고분자를 의료용 재료 관점에서 비교하면, 천연고분자는 생체조직이므로 일반적으로 생체적합성이 우월하지만, 인체가 천연고분자를 외부 물질로 인식하여 방어기구를 발동시켜 이물반응을 일으키는 경우가 많다. 합성고분자의 생체적합성은 일반적으로 천연고분자보다 떨어지지만, 합성고분자는 인공물이므로 인체가 인식하지 못하여 이물반응이 미미하여 유리한 경우도 있다. 예를 들면 폴리에틸렌은 세포 독성을 실험할 때 음성 표준물질로 사용된다.

다만 고분자는 가공 시 산화에 의한 분해를 막기 위하여 (산화방지제), 또는 옥외에서 자외선에 의하여 구조가 파괴되는 것을 막기 위하여 (자외선 안정제), 또는 성질을 부드럽게 하기 위하여 (가소제, plasticizer) 등의 목적으로 첨가제를 넣는 경우가 많다. 때로는 이러한 첨가제 중에서 인체에 해로운 경우가 있으므로 주의하여 선택하여야 한다.

천연고분자는 출처에 따라서 구조와 강도가 균일하지 못한 단점이 있다. 예를 들면 전분*은 포도당이 연결된 고분자로서 직선구조인 아밀로스와 가지가 있는 구조의 아밀로펙틴이 혼합되어 있다. 전분은 감자, 쌀, 옥수수 등 원료에 따라 아밀로스와 아밀로펙틴의 조성이 차이가 있고 따라서 물성이 다르다. 반대로 합성고분자는 물성이 균일하고 또 조절이 가능한 장점이 있다.

인체의 95% 이상은 물이다. 따라서 친수성 재료는 소수성 재료보다 인체와 친하여 거부반응이 적을 것으로 생각된다. '친수성'은 재료가 하이드록실기, 카르복실기, 알데하이드기, 케톤기와 같이 극성 결합을 많이 갖고 있어 물과 친한 경우이고, 반대로 '소수성'은 대부분이 탄소와 수소로 구성되어 극성이 없고 물을 싫어하는 경우이다. 재료가 얼마나 친수성 또는 소수성인가를 평가하는 방법은 표면에 떨어진 물방울의 모양으로 측정한다. 그림 9의 왼쪽처럼 표면이 물을

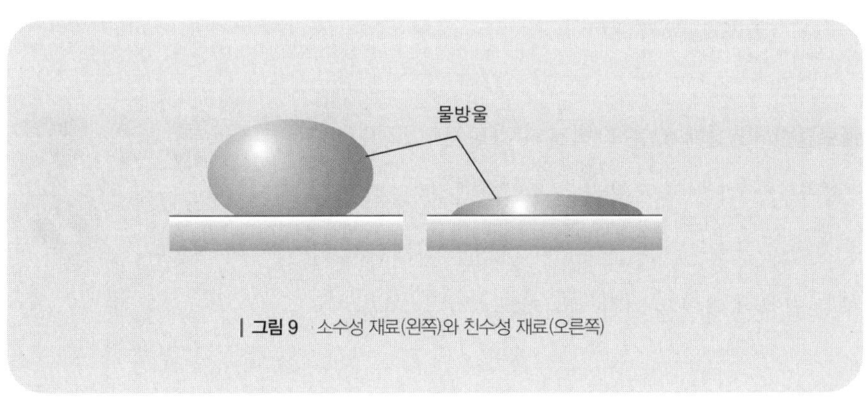

| 그림 9 소수성 재료(왼쪽)와 친수성 재료(오른쪽)

싫어하여 물방울이 표면과 최소로 접촉하는, 즉 동그란 물방울을 만드는 표면이 소수성이고, 오른쪽은 물이 재료와 친하여 물방울이 재료 표면에 넓게 펴지는 것이 친수성이다. 대부분의 고분자는 소수성으로서 물을 싫어하므로 그림 9의 왼쪽과 같은 물방울이 맺는 것을 볼 수 있다. 반면에 모든 금속과 세라믹은 친수성이다. 예를 들면 유리 표면에서는 그림 9의 오른쪽과 같은 물방울을 확인할 수 있다. 대체로 친수성 재료가 소수성 재료보다 단백질 및 혈소판의 흡착이 적어서 피의 응고가 적은 것으로 평가하고 있다.

이 책에는 여러 가지 천연고분자와 합성고분자가 소개되었는데, *로 표기된 물질을 한글과 영어 자모 순서로 정리하였고, 그 화학구조와 특성을 요약하였다.

고어텍스(Gore-Tex)**:** 테플론(학술명은 polytetrafluoroethylene) 필름을 특수하게 잡아당겨 다공성으로 제조한 방수통기포(물의 침투는 막고 수증기/땀은 투과시킴).

• 인공혈관, 인공조직.

글로블린: 혈장에 있는 단백질의 하나로서 α, β, γ 3 종류임. α-와 β-글로블린은 운반단백질, 효소 기능을 함. γ-글로블린은 분자량이 15만인 항체로서 외부 침입자인 항원을 결합 제거하는 면역을 맡음.

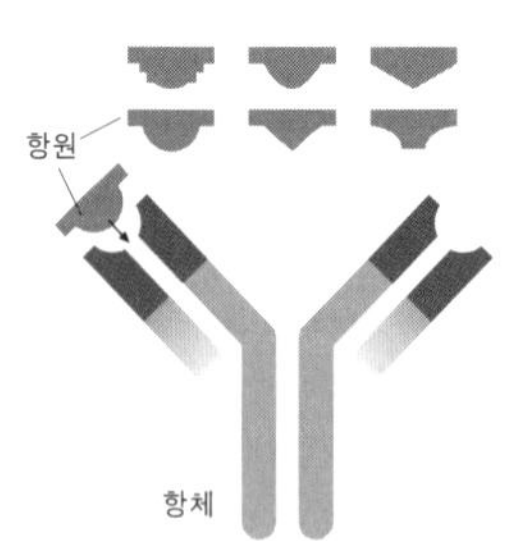

덱스트란: 미생물이 합성하는 다당류로, 설탕을 발효시켜 제조함. D-포도당이 주로 1,6-α 결합으로 연결됨.

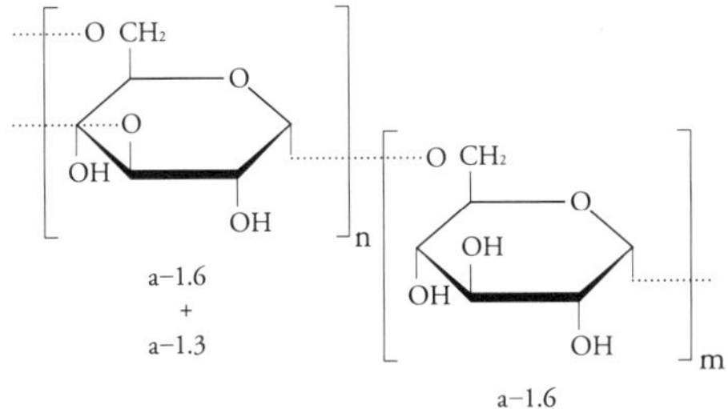

- 인공혈액(혈장증량제)

레이온: 셀룰로즈를 이황화탄소에 녹인 용액(비스코스로 부름)을 황산용액 중으로 방사하여 만든 재생 셀룰로즈 섬유. 광택이 좋아 인조비단(인견)으로 부름.

비스코스: 셀룰로즈를 이황화탄소에 녹인 용액. 실로 뽑으면 레이온, 필름으로 만들면 셀로판임.

삼초산셀룰로즈: 셀루룰즈를 초산으로 완전히 (3당량) 치환한 고분자

- 인공신장용 중공사

셀로판: 셀룰로즈를 가성소다로 처리하고 이황화탄소에 녹인 용액 비스코스를 필름 형태로 뽑은 재생 셀룰로즈임.

- 최초의 인공신장용 막

셀룰로즈: D-포도당이 1,4-β 결합으로 이루어진 고분자. 체내에서 소화되지 않음. 식물체의 구성 요소, 면섬유.

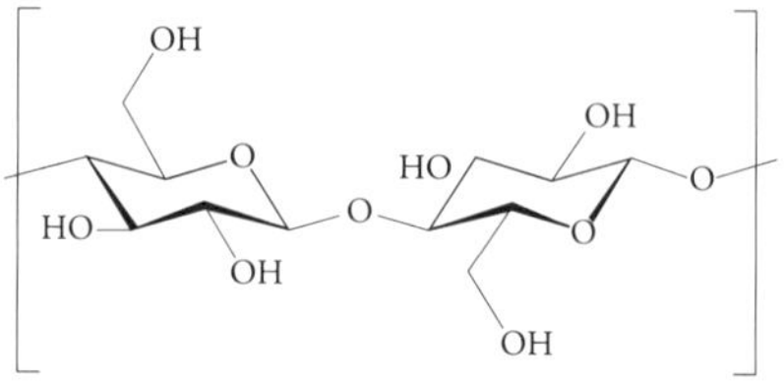

수산화에틸 전분: 전분을 수산화에틸화함.

- 인공혈액(혈장증량제)

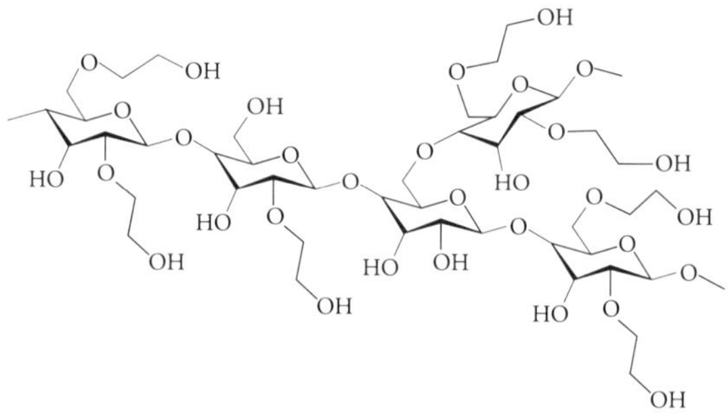

실리콘: 학술명은 polydimethylsiloxane. 다우코닝 사에서 높게 비행하는 B-29 폭격기용 내한성 윤활유로 개발하였음. 분자량이 작으면 기름, 크면 고무, 중간은 젤 형태임. 열과 화학약품에 강함. 강도는 비교적 약함. 인체에 무해함. 기체투과도가 제일 큰 고분자임.

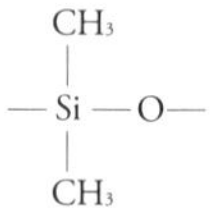

- 인공귀, 인공코, 인공유방, 연질 인공수정체, 인공심폐기용 중공사

알부민: 피와 체액에 넓게 퍼져 있는 단백질. 수분을 끌어들이는 힘이 있어서 피의 수분 함량을 유지하고 혈관과 조직 사이의 삼투압을 유지하도록 돕는 중요한 기능을 함. 분자량은 66,000이고 둥근 구형임.

알진산(Alginate)**:** 카르복실기가 많은 다당류, 미역 등 해조류에 많이 존재함.

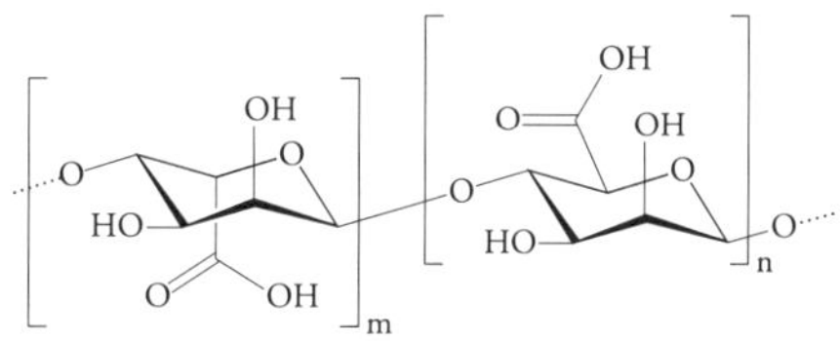

- 세포배양재료

에폭시수지: Bis-phenol A와 epichlorohydrin을 반응시킨 플라스틱 중간체. 분자량 수천, 말단의 에폭시기가 아민화합물과 반응하여 열경화성 플라스틱으로 분자량이 커지고 경화됨. 강도, 접착력, 전기절연성이 우수하고 화학약품에 잘 견딤.

- 접착제, 페인트, 전자부품, 복합재

유리섬유: 보통 판유리보다 알루미나가 많이 들어간 E-glass를 가느다란 섬유로

뽑음. 판유리의 조성은 SiO_2 65~75무게%, Na_2O 10~20%, CaO 5~15%이나, 유리섬유의 조성은 SiO_2 55무게%, Al_2O_3 15%, B_2O_3 7%, CaO 19%임, 비중은 2.6, 인장강도(잡아당겨서 끊어지는 강도)는 3.4 GPa로서 스텐인리스 스틸의 0.5 GPa, 듀랄루민 0.4 GPa보다 더 강함.

- 플라스틱과 혼합하여 섬유강화복합재료(FRP)로 사용함.

재생 셀룰로즈: 셀루로즈를 구리암모니아 용액 또는 이황화탄소에 녹인 용액을 다시 실이나 필름 형태로 제조한 제품. 특히 섬유는 광택이 뛰어나 인조비단(인견)으로 부름. 이황화탄소계 재생 셀룰로즈 섬유의 상품명은 비스코스 레이온이고 필름은 셀로판임, 구리암모니아계 재생 셀룰로즈 섬유의 상품명은 벰베르크, 큐프로판(Cuprophan)은 구리암모니아계 섬유로서 인공신장용 중공사의 상품명임.

전분: D-포도당이 1,4-α 결합으로 이루어진 천연 고분자. 식물체의 구성 요소로, 직선형의 아밀로스와 가지가 많은 아밀로펙틴의 혼합물임. 인체 내에서 소화되므로 중요한 식량임. 그러나 셀룰로즈는 같은 D-포도당으로 구성되지만 1,4-β 결합으로 이루어져 소화되지 않음.

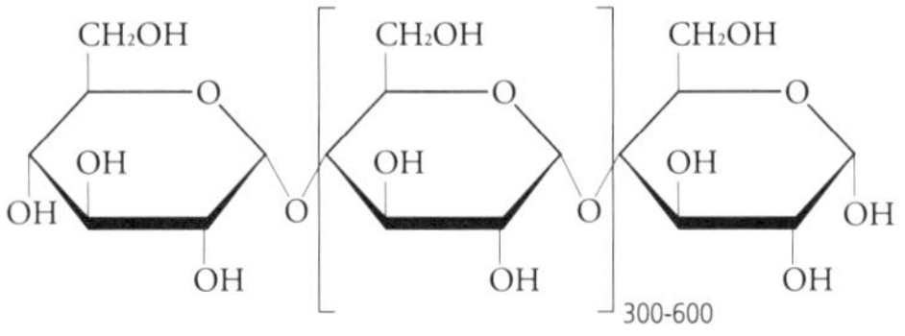

초고분자량 폴리에틸렌: 폴리에틸렌 참조. 분자량이 수백 만에 달하여 질기고 마찰이 적음.

- 인공고관절 비구 라이너, 인공무릎관절

초산셀룰로즈: 셀룰로즈를 초산으로 치환한 (주로 2당량) 고분자.

- 인공신장용 중공사

콜라젠: 근육, 뼈, 피부, 연골 등 신체의 25% 이상을 이루고 있는 단백질로, 아미노산의 조성이 글라이신-프롤린-수산화프롤린-글라이신-기타-기타의 순서이고, 3개의 단백질 나선형 고리가 합쳐진 삼중 나선 구조임. 조성, 형태 및 결합된 다당류의 종류에 따라 I형(뼈, 피부, 힘줄), II형(연골), III형(혈관 벽), IV형(기저막) 콜라젠이 있음.

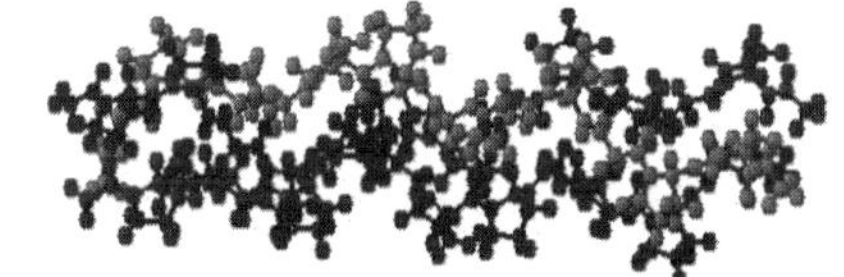

- 세포배양재료, 의료용 조직막

탄소섬유: 폴리아크릴로나이트릴 (아크릴 섬유) 또는 석유 정제 찌꺼기인 핏취를 섬유 모양으로 뽑고, 300°C에서 산화, 1,500°C에서 탄화 그리고 3,000°C에서 흑연화처리하면 탄소만 남는 고강도 섬유를 얻음. 비중은 1.8로 가벼우나 인장강도는 4.9 GPa로서, 같은 무게이면 스텐인리스 스틸의 40배, 듀랄루민의 16배임.

- 복합재 제조: 낚싯대, 테니스 라켓, 비행기 동체, 보철기구(의족, 의수).

테플론, 폴리테트라플루오로에틸렌: 테플론은 발명회사인 듀폰사의 상품명임. 지구 상에서 열 및 화학약품에 가장 잘 견디는 불소계 고분자로, 다른 재료에 잘 붙지 않고 마찰력도 제일 작음. 강도는 크지 않음. 특수 조건에서 잡아 당겨 다공성인 고어텍스를 제조함.

$-(CF_2-CF_2)n-$

- 실험기구용 코크, 프라이판 코팅, 발브 연결용 테이프

파이브리노젠: 피 속의 단백질로 양은 많지 않으나 피의 응고를 주도함. 분자량 34만, 표면이 넓고 표면활성이 강함, 응고인자인 트롬빈에 의하여 파이브리노젠끼리 중합되어 3차원적 파이브린망(網)을 형성하여 피떡을 이룸. (이 현상을 이용한 것이 파이브린 접착제(fibrin glue)로서 파이브리노젠과 트롬빈 용액을 따로 만든 후에 섞어서 접착시킴)

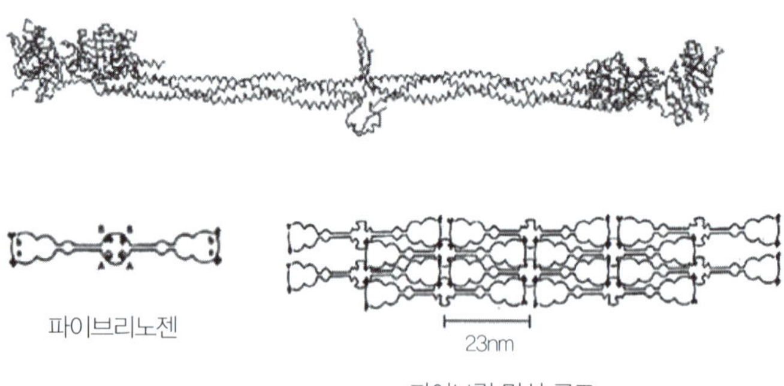

파이브리노젠

파이브린 망상 구조

파이브린: 파이브리노젠 참조

폴리글리콜산 poly(glycolic acid), PGA: 가장 간단한 구조의 지방족 폴리에스터. 체내 강도유지기간이 4주, 질량유지기간이 3개월로 분해됨.

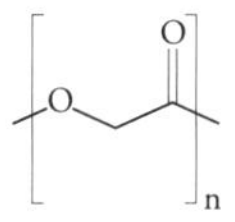

- 체내분해성 수술봉합사, 조직공학 지지체

폴리다이메틸실록산: 실리콘 참조

폴리라이신: 아미노산인 L-lysine의 중합체

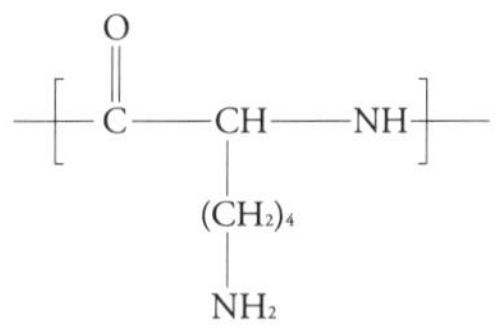

폴리락트산 poly(lacticc acid), PLA: 젖산의 중합체인 지방족 폴리에스터. 옥수수 전분-당을 발효하여 얻는 젖산을 원료로 하는 바이오매스(biomass) 유래 고분자임. 인체 및 자연계에서 가수분해되므로 골절접합재 등의 체내분해성 의료용품뿐만 아니라 생분해성 플라스틱으로 최근 관심이 높음. 체내 강도유지기간이 약 6개월, 질량유지기간이 1년 이상으로 분해가 느림.

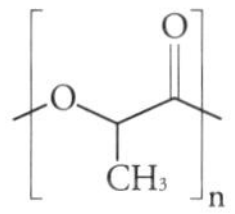

폴리메틸메타크릴레이트, [poly(methyl methacrylate)], PMMA

투명, 유리 대용 플라스틱, 아크릴 간판, 자동차 후미등, 경질 콘택트렌즈, 경질 인공수정체, 인공신장용 중공사,

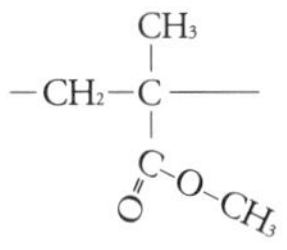

골시멘트, 인공뼈

폴리비닐알콜: 물에 녹는 고분자의 하나임. 보통은 가지가 많은 구조로서 물에 녹지만, 직선형 고분자는 결정화도가 높고 강도도 높음.

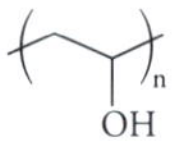

OH

- 섬유처리제, 소프트 콘택트렌즈

폴리비닐피롤리돈: 물에 녹는 고분자의 하나임.

N O

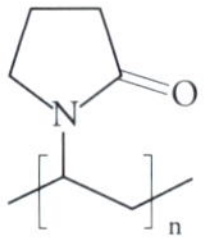

- 혈장증량제, 소프트 콘택트렌즈

폴리설폰: 강하여 금속 대신 사용되는 엔지니어링 플라스틱의 하나임.

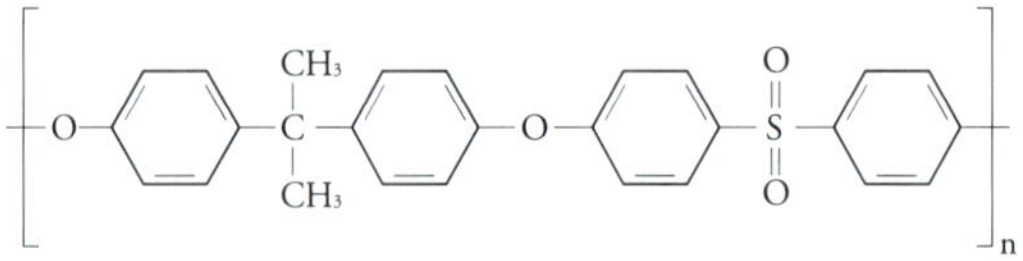

CH_3 O

O C O S

CH_3 O

- 고분자 분리막, 인공신장용 중공사, 수술기기

폴리아크릴로나이트릴: 3대 합성섬유의 하나로서 아크릴 섬유로 불림. 탄소섬유의 원료.

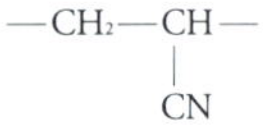

$—CH_2—CH—$

CN

- 인공신장용 중공사

폴리에스터, poly(ethylene terephthalate)(PET): 대표적인 합성섬유(상품명 Dacron).

$-O-CH_2CH_2-O-\overset{O}{\overset{\|}{C}}-C_6H_4-\overset{O}{\overset{\|}{C}}-$

- 오디오/비디오 필름, 음료수/기름 병, 인공혈관, 인공심장

폴리에틸렌, polyethylene(PE): 가장 일반적인 소비용 플라스틱으로, 밀도가 큰 (불투명) 고밀도 폴리에틸렌, 밀도가 작은 (투명) 저밀도 폴리에틸렌, 분자량이 백 만이 넘는 초고분자량 폴리에틸렌이 있음.

$-(CH_2-CH_2)_n-$

- 주입관, 초고분자량은 인공고관절 및 인공무릎관절용 소재

폴리염화비닐(염화비닐수지), poly(vinyl chloride)(PVC): 가장 일반적인 소비용 플라스틱으로, 원래 강하고 딱딱한 플라스틱이지만 가소제(플라스틱과 섞여서 부드럽게 하는 화합물)와 섞어 부드러운 필름, 시트도 만듦.

$-CH_2-\underset{}{\overset{Cl}{\overset{|}{CH}}}-$

- 파이프, 장판, 벽지, 포장 필름, 혈액회로, 혈액 백

폴리우레탄: 다이이소시아네이트(O=C=N-R-N=C=O)와 폴리올(HO-R[1]-OH)의 종류에 따라 구조 및 물성이 다양함. 스펀지, 롤라 바퀴, 인조피혁, 스판덱스 (탄성섬유). 의료용은 주로 MDI($OCN-C_6H_4-CH_2-C_6H_4-NCO$)와 폴리테트라메틸렌글리콜〔$HO-(CH_2CH_2CH_2CH_2-O)_nH$〕으로 제조된 고분자를 사용함. 관, 풍선카데타, 인공심

장, 심장박동조절기 전선 코팅

$$O=C=N-R-N=C=O+HO-R^1-OH \longrightarrow -CO-HN-R-NH-CO-O-R^1-O-$$

폴리프로필렌, polypropylene(PP): 일반 소비용 플라스틱, 투명한 포장지(담배 포장지 등), 잡화류, 강도가 낮은 자동차 내장재, 솜 및 부직포용 합성섬유, 인공심폐기용 중공사

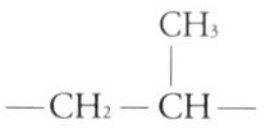

$$-CH_2-\underset{}{\overset{CH_3}{\overset{|}{C}H}}-$$

폴리테트라플루우오로에틸렌: 테플론 참조.

하이알유론산: 카르복실기 및 아세틸아마이드기가 치환된 천연 다당류. 인체의 연결조직, 상피, 신경조직에 넓게 분포되어 있음. 분자량이 100만 이상으로 매우 큼. 물에 3무게% 미만으로 녹음. 수용액은 현재 가장 점도가 큰 액체임.

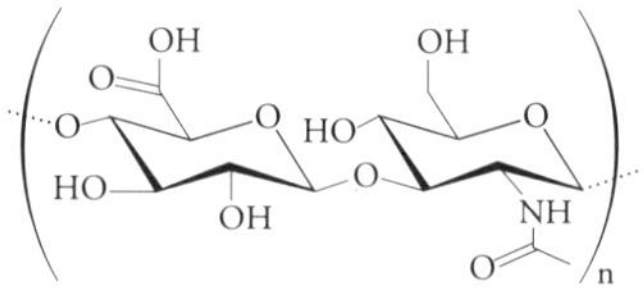

OH OH O O HO O O HO O HO OH NH O n

- 관절주사액, 인공수정체 시술시 수정체를 제거한 수정체낭이 물러앉지 않도록 수정체낭 안으로 주입하는 용도.

하이드로젤: 묵처럼 물을 많이 포함하고 있는 상태의 고분자. 콜라젠, 알진산, 일부 다당류 및 PHEMA (poly(hydroxyethyl methacrylate))는 하이드로젤을 이룸.

- 소프트 콘택트렌즈, 세포배양재료

헤모글로빈: 적혈구 안에 들어 있는 단백질로, 철을 포함하여 산소 및 탄산가스와 결합하여 운반함.

헤파린: 설폰산기 및 황산기가 많이 치환된 음이온성 다당류. 피의 응고를 방지함. 인공신장/심폐기 사용 시 필수적으로 주입됨.

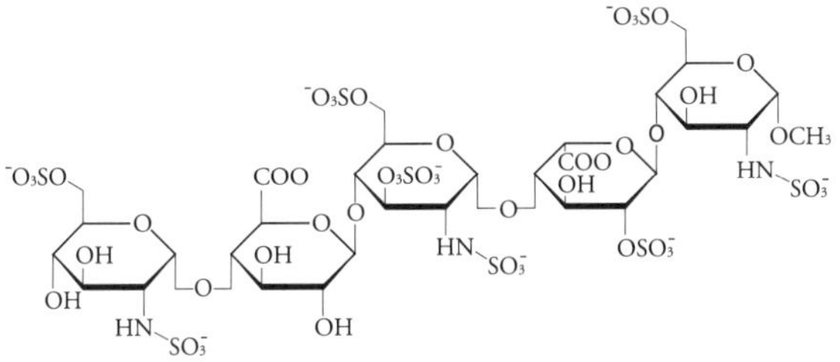

황산콘드로이틴: R_1 = 또는 R_2 = SO_3H, R_3 = H임. 황산기가 치환된 다당류. 체내에 넓게 분포된 다당류

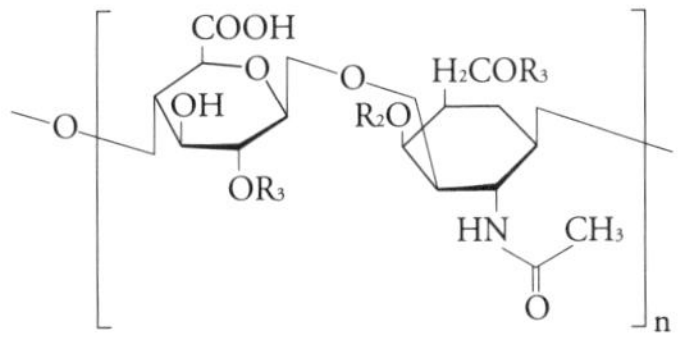

AcrylSof: poly(2-phenylethyl methacrylate)와 poly(2-phenylethyl acrylate)로 구성된 연질 인공수정체용 고분자의 상품명.

bis-phenol A계 에폭시 고분자: 대표적인 것은 bis-GMA(bisphenol A-glycidyl methacrylate)

- 고강도, 저 수축 치과용 충전재

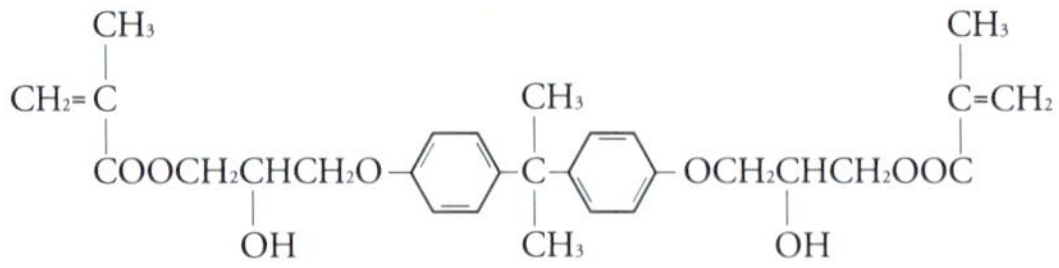

$$CH_2{=}C(CH_3)-COOCH_2CHCH_2O(OH)-C_6H_4-C(CH_3)_2-C_6H_4-OCH_2CH(OH)CH_2OOC-C(CH_3){=}CH_2$$

Cuprophan: 재생 셀룰로즈 참조, 구리암모니아계 섬유로서 인공신장용 중공사의 상품명임.

Medpor: 폴리에틸렌 참조, 폴리에틸렌을 스펀지 형태로 가공한 상품명.

- 인공뼈, 인공조직.

PEEK, (polyetheretherketone): 강하여 금속 대신 사용되는 엔지니어링 플라스틱의 하나임.

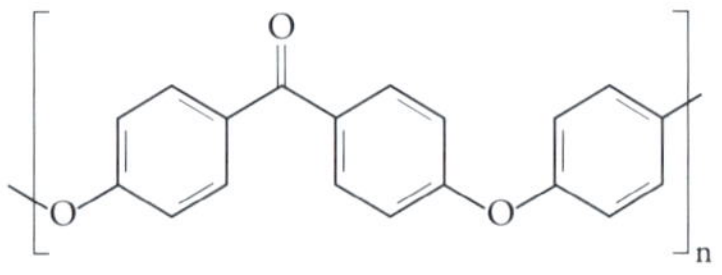

- 고강도 필름, 인공고관절, 인공디스크,

PET, poly(ethylene terephthalate)의 약자: 폴리에스터 참조

Pluronic 계면활성제: 폴리(에틸렌글리콜-프로필렌글리콜-에틸렌글리콜) 구조로서 친수성인 에틸렌글리콜 단위와 소수성 프로필렌글리콜 단위로 구성된 계면활성제. BASF 사 제품의 상품명은

$$(CH_2CH_2-O)n-(CH_2CH(CH_3)-O)m-(CH_2CH_2-O)n$$

Pluronic, ICI 사 제품은 Poloxamer임. 에틸렌글리콜/프로필렌글리콜의 조성 및 분자량에 따라 품종이 많음. F-68은 에틸렌글리콜의 함량이 80%이고 분자량이 8,400인 품종임.

poly(ethylene terephthalate), (PET): 폴리에스터 참조

poly(hexafluoroisopropyl methacrylate): RGP (rigid permeable lens) 콘택트렌즈의 재료로, 산소투과도가 매우 높음.

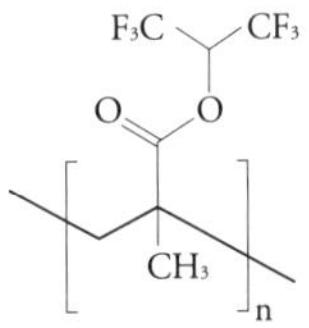

F_3C CF_3 O O CH_3 n

poly(hydroxyethyl methacrylate) (PHEMA): 물을 흡수하여 하이드로젤을 (묵 같은 형태의 고분자) 형성, 함수율 37%

- 소프트 콘택트렌즈, 연질 인공수정체

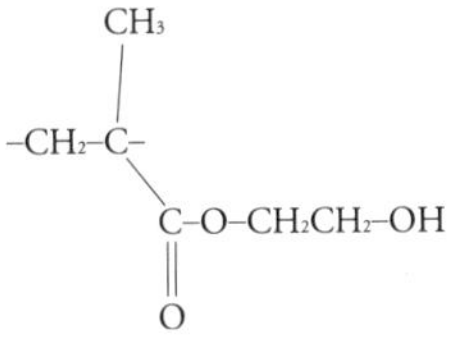

CH_3 $-CH_2-C-$ $C-O-CH_2CH_2-OH$ O

Poly(methyl methacrylate), (PMMA): 폴리메틸메타크릴레이트 참조

poly(2-phenylethyl methacrylate) 및 poly(2-phenylethyl acrylate): 연질 인공수정체 (상품명 AcrylSof)

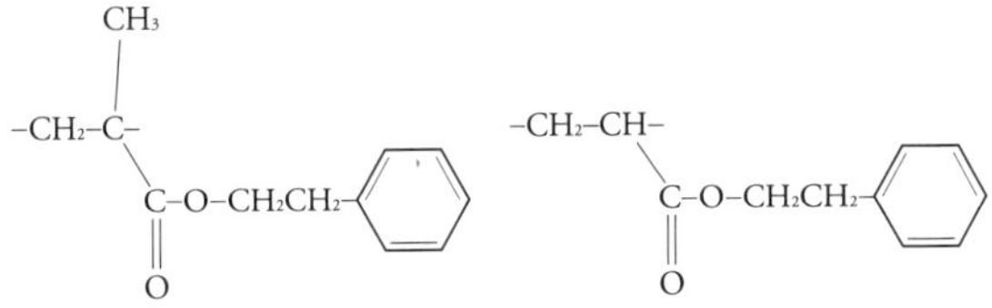

CH_3 $-CH_2-C-$ $C-O-CH_2CH_2-$ O

$-CH_2-CH-$ $C-O-CH_2CH_2-$ O

TRIS-메타크릴레이트, RGP(rigid permeable lens): 콘택트렌즈의 재료로, 산소투과도가 매우 높음.

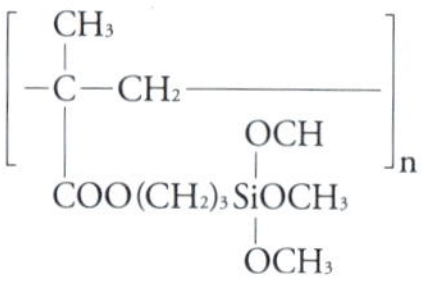

$$\left[\begin{array}{l} \;\;CH_3 \\ \;\;\;| \\ -C-CH_2 \text{———————} \\ \;\;\;| \qquad\qquad\quad OCH \\ \;\;\;| \qquad\qquad\qquad | \\ \end{array} \right]_n$$

$$\begin{array}{l} COO(CH_2)_3SiOCH_3 \\ \qquad\qquad\quad\;\, | \\ \qquad\qquad\quad OCH_3 \end{array}$$

찾아보기

ㅇ

ㅈ

ㅎ